AF502566

BIBLIOTHÈQUE

DES

ÉCOLES CHRÉTIENNES

APPROUVÉE

PAR Mgr L'ÉVÊQUE DE NEVERS.

Propriété des Editeurs,

BIBLIOTHÈQUE NATIONALE
R. F.

PROMENADES
D'UN
NATURALISTE.

PARIS.

PROMENADES

NATURALISTE

PAR M. V. O.

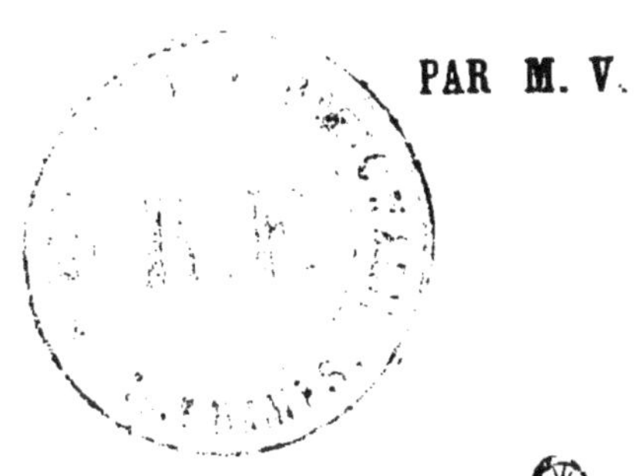

TOURS

A^d MAME ET Cie, IMPRIMEURS-LIBRAIRES

1848

INTRODUCTION.

S'il est une chose qui doive exciter notre étonnement, c'est que dans un siècle aussi éclairé que le nôtre, et à une époque où les anciens préjugés disparaissent devant les nouvelles découvertes de la raison et de la science, on trouve si peu de personnes, comparativement parlant, qui s'adonnent à l'étude de l'histoire naturelle, ou pour lesquelles elle ait des charmes ou de l'intérêt. Ce sujet obtient à peine quelques instants d'attention passagère ; certains esprits dédaignent de l'approfondir, et le relèguent parmi les jeux de l'enfance. L'historien de la nature est pourtant appelé à consigner des faits plus importants que les méandres d'un papillon, la filature d'une larve ou l'épanouissement d'un pétale : ses études, en les considérant d'une manière abstraite et en dehors des branches si variées qu'elles embrassent, lui procurent une des plus délicieuses occupations qu'un être raisonnable puisse se donner : peut-être n'est-il pas dans la vie humaine de délassement plus digne de ce nom, ni plus satisfaisant dans ses résultats, que celui qui a pour objet d'étudier de près l'économie de la Providence dans le monde de merveilles qui nous entoure, dans cette création sans cesse animée par sa présence.

Ces recherches, dont les objets sont inépuisables, élèvent et agrandissent l'esprit qui s'y livre; elles fournissent un sujet de méditations à l'homme sédentaire et studieux ; elles donnent de la vie et du charme aux promenades de l'homme actif, et communiquent de l'intérêt à tout ce qu'il rencontre sur son chemin. Pour cela il n'est pas nécessaire de vivre exclusivement avec les hôtes de l'air, les humbles habitants des haies et des bosquets, ou parmi les fleurs et les herbes des champs; mais s'accoutumer à passer auprès d'eux avec indifférence, c'est se priver volontairement d'une source abondante de plaisirs innocents, dignes de récréer les loisirs de l'homme raisonnable, et qui mènerait par une gradation facile à la contemplation d'un ordre de choses plus élevé.

On ne saurait trop tôt diriger l'attention de l'enfance vers les merveilles de la création qui l'entourent; plus tard les soins absorbants, les tristes réalités de l'existence viendront peut-être distraire de ces premières et si douces impressions. Mais ces goûts de nos jeunes ans ne s'effaceront jamais entièrement, et l'esprit, fatigué sous le poids des préoccupations et des soucis, ira redemander à la solitude et aux pures jouissances de la vie champêtre le bonheur et la paix. Nos connaissances en histoire naturelle sont dues pour la plupart à des recherches persévérantes, et tout incertain qu'est le succès de nos labeurs, parfois un rayon de lumière viendra sillonner la route obscure de l'humble investigateur, et lui laissera rapidement entrevoir des vérités cachées. Que l'homme oisif ou ignorant ne vienne donc pas se railler de celui qui consacre des moments libres à examiner une mousse, un champignon, ou un scarabée; ce sont les œuvres de l'Intelligence suprême, qui ont chacune dans la création un but déterminé. L'étude de leur merveilleuse organisation a dissipé pour nous plus d'un moment d'ennui et de tristesse, et, disons-le encore, elle a peut-être contribué à nous rendre meilleurs et à nous disposer à cette transformation complète qui nous attend, dont les différentes phases de la vie animale et végétale nous offrent le plus touchant emblème.

Qui racontera les merveilles sans nombre de la création? Qui descendra dans les fleuves et les abîmes de la mer pour en étudier tous les habitants? Nous en connaissons à peine quelques-uns; mais dans ce peu, combien de choses qui nous passent et nous confondent! Cette éponge avec laquelle nous essuyons nos meubles, savons-nous bien qui nous l'a faite? c'est la maison mouvante que des vermisseaux marins se construisent eux-mêmes sur le flanc des rochers. Et ce corail dont nous admirons le vermeil, c'est un débris de la roche pierreuse que de petits insectes se bâtissent en forme de tronc d'arbre au fond de la mer. Et ces perles auxquelles nous mettons un si haut prix, ce sont les gouttes de sueur qu'une espèce d'huître ou de limace océanique a laissées se coaguler, en formant, à l'aide de sa transpiration, ces deux écailles qui sont à la fois sa maison, son vêtement et ses os. Et cette pourpre dont s'enorgueillit le manteau des rois, c'est une liqueur que distille dans sa conque une espèce d'escargot de mer. Salomon devra la couleur royale de ses vêtements à un animal rampant, et, avec toute sa magnificence, il n'égalera pas une fleur des champs.

L'habitant d'un autre coquillage enseignera la navigation. Le nautile ou navigateur, mollusque marin à huit bras, se bâtit de sa propre substance une conque en forme de navire, y met assez d'eau pour lui servir de lest, élève deux de ses bras, déploie au vent la membrane ou voile qui les unit, en allonge deux autres dans la mer comme deux avirons, puis un cinquième qui lui tient lieu de gouvernail, et traverse ainsi l'Océan à voile et à rame, étant lui-même son navire, son pilote et son équipage. Ce n'est pas tout : une tempête s'annonce-t-elle, un ennemi est-il à craindre, l'industrieux argonaute replie sa voile, rentre ses avirons et son gouvernail, emplit d'eau son bâtiment et s'enfonce dans l'abîme. Le danger est-il passé, il renverse sa barque sens dessus dessous, y produit le vide et la fait remonter. Arrivé à la surface, il la retourne adroitement, la remet à flot, déploie de nouveau sa voile et recommence à voguer au gré des vents. Quand l'homme trouvera-t-il le secret d'échapper ainsi à la tempête?

Mais ne restons pas toujours dans les ondes amères de l'Océan, entrons un peu dans les fleuves et les rivières. Tout le monde y connaît l'écrevisse, avec ses tenailles et sa cuirasse solide. Mais tout le monde connaît-il la merveille qui s'opère en elle chaque année? Je ne parle pas des œufs qu'elle porte et qu'elle fait éclore sous sa queue; je ne parle pas même de l'incroyable faculté qu'elle possède de reproduire les antennes et les pattes qu'on lui arrache ou qu'elle s'arrache elle-même; je parle de la transmutation complète qu'elle subit tous les ans. Elle se dépouille non-seulement de sa robe écailleuse, mais encore de toutes ses parties cartilagineuses et osseuses, même de son estomac et des intestins; elle se refait à neuf tout entière. Pour comble de singularité, il paraît qu'avec son nouvel estomac elle digère l'ancien. Qui comprendra jamais cette mort et cette résurrection annuelles? mort et résurrection qui sont communes à l'écrevisse et à tous les animaux de même genre. Que de mystères!

En voici de non moins étonnants :

Dans nos ruisseaux, dans nos fossés, dans nos mares, et sur la vase qui est au fond, et au milieu des lentilles qui en tapissent la surface, il est un petit ver ou insecte à plusieurs pieds, nommé pour cette raison polype. Se croit-il menacé, il contracte ses pieds ou ses bras, car ils lui sont l'un et l'autre ; il se rapetisse de manière à se rendre presque imperceptible. Se voit-il en sûreté, il se dilate, il étend ses bras, il les allonge, il marche, il saisit de petits insectes, de petits vers qu'il dévore tout entiers. Souvent deux polypes avalent le même ver, chacun par un bout ; quand alors ils se rencontrent, plus d'une fois il arrive que l'un avale l'autre avec la portion du ver qui se trouve dans son corps. Ce qui est encore plus curieux, c'est qu'au bout d'une heure le polype sort sain et sauf du corps de celui qui l'avait englouti ; il n'y perd que sa proie. Autre singularité et qui n'appartient qu'à lui : c'est qu'on peut le découper en long ou en large, en autant de morceaux qu'on voudra ; chaque morceau deviendra un polype complet, qui en produira d'autres à son tour. Il n'y a qu'un siècle qu'on a pris garde à ce prodigieux vermisseau ; la science ne tente même pas d'en expliquer les mystères et les merveilles. Combien d'autres prodiges semés sous nos pas que nous ne daignons pas même regarder !

Depuis l'invention du microscope, lunette qui grossit étonnamment les petits objets, on a découvert dans chaque goutte d'eau où l'on a fait infuser des parties animales ou végétales, telles que du poivre, tout un monde de petits animalcules invisibles à l'œil nu et inconnus aux anciens. Un observateur célèbre en a compté jusqu'à deux mille, quelquefois même jusqu'à huit et dix mille dans une seule goutte de pluie, où ils nagent comme dans une vaste mer (1). Il estime que mille millions n'en sont pas aussi gros qu'un grain de sable ordinaire; cependant chacun a sa forme spéciale. Il y en a de sphériques, de plats, de longs; il y en a qui changent de forme à chaque instant. il y en a qui s'ouvrent en entonnoir pour saisir leur proie, car ils mangent et digèrent. Il y en a de si voraces qu'ils se mangent les uns les autres.

Coupés en deux. chaque morceau devient un animal complet; mis à sec, ils se contractent et expirent; humectés, ils ressuscitent après des années entières et jusqu'à vingt fois. Humilions-nous, confondons-nous en voyant Dieu si admirable dans des choses si communes.

Mais tandis que nous nous perdons dans une goutte d'eau à considérer des êtres infiniment petits, voici l'énorme baleine qui s'avance du nord, dormant sur l'Océan comme une île flottante, de soixante, de cent, de deux cents

____

(1) Leuwenhoek, Journal des Savants du 14 mars 1678.

pieds de long, sur laquelle on aperçoit des coquillages et quelquefois même des plantes. Le marinier est sur le point d'y débarquer, lorsqu'elle se réveille; d'un coup de sa queue, elle fait chavirer, ou peu s'en faut, le navire.

Elle plonge dans les abîmes avec son petit, gros comme un bœuf, qu'elle embrasse avec ses nageoires et qu'elle allaite de ses deux mamelles. Quoique l'animal le plus énorme qui existe, elle a peur; dans sa famille même elle trouve des ennemis redoutables, contre lesquels elle n'a de défense que sa queue. L'espadon, beaucoup moins gros qu'elle, mais armé à la tête d'une longue épée dentelée de chaque côté, la poursuit avec acharnement. Elle tâche de le frapper de sa queue et de l'écraser ainsi d'un seul coup. Mais souvent l'espadon lui échappe, bondit en l'air, retombe sur elle, et s'efforce non de la percer, mais de la scier avec son épée à dents. La baleine rougit la mer de son sang, qui jaillit à gros bouillons de ses blessures; elle entre en fureur, elle frappe sur l'eau des coups si épouvantables que le navigateur en frémit au loin. Un ennemi encore plus à craindre pour elle, c'est l'homme. Il viendra un jour jusqu'au milieu des glaces du Nord, lui faire reconnaître son empire. Si elle pouvait toujours demeurer au fond des eaux, elle aurait encore moyen de lui échapper. Mais non: elle ne jouit pas du privilége des autres poissons, il faut qu'elle vienne de temps en temps à la surface pour respirer l'air. L'homme en profitera pour lui lancer, de dessus une frêle barque, un harpon acéré qui entre dans sa chair et en fait jaillir des flots de sang. Elle aura beau bouleverser la mer par les battements de sa queue, le fer reste fixé dans la large plaie. Elle aura beau s'enfoncer dans l'abîme : le fer la suit dans l'abîme, et, avec le fer, un long câble dont le bout est dans la barque. Et puis, il faut bien qu'une demi-heure après elle revienne sur l'eau pour reprendre haleine. Le hardi pêcheur en profite pour l'achever à coups de dard. Morte, on la suspend avec des chaînes au côté du gros navire. Des charpentiers, les pieds armés de crampons de fer, montent sur son dos, en dépècent le lard à coups de hache. Sa graisse, son huile, enrichira des provinces : le commerce la transportera de royaume en royaume ; les arts l'emploieront à beaucoup d'usages différents. Les lames osseuses ou fanons qui garnissent sa gueule, et avec lesquels elle écrase les insectes et les petits poissons dont elle se nourrit, serviront, entre autres choses, à former la charpente des parasols et des parapluies. Son énorme squelette amusera peut-être les enfants de quelque grande cité, tandis que les peuples du Groënland en feront la carcasse de leurs barques, qu'ils recouvriront de sa peau.

Chose étonnante, qu'on aura sans doute remarquée déjà : entre les imperceptibles habitants d'une goutte de pluie, comme entre les gigantesques baleines de l'Océan, il y a guerre, il y a combat à mort. Mais sous la main de la Providence, ces guerres et ces combats entretiennent la vie et l'harmonie universelles.

Ainsi cette année, comme les précédentes, des milliers de harengs et de morues, poursuivis, à ce qu'il semble, par les baleines, et attirés par des insectes et de petits poissons, viendront se faire prendre le long des côtes d'Europe et sur les bancs de Terre-Neuve, afin de servir de nourriture à des millions d'hommes. Et l'année prochaine, dans la même saison, il en reviendra tout autant. Et malgré cette consommation prodigieuse, leur nombre ne diminuera point : Dieu leur a donné une fécondité plus prodigieuse encore. Une seule femelle de hareng produira au moins dix mille œufs ; une seule morue jusqu'à dix millions. Ont-ils approvisionné les divers peuples de la terre, et pourvu en particulier à la nourriture du pauvre, les harengs, et après eux les morues, s'en retournent sous les glaces du Nord, s'y multiplient sans péril, et reviennent l'année suivante par millions, marchant à la suite de quelque chef, en ordre de bataille, non pour combattre, mais pour se faire prendre plus commodément. Et ces poissons qui naissent, qui vivent dans les eaux salées de la mer, ne sont pas salés. Il faut qu'on les sale quand on veut en conserver la chair ou l'envoyer au loin ; mais c'est la mer qui fournira le sel.

Ce qu'est l'Océan pour toute la terre, un immense vivier où Dieu tient en réserve d'inépuisables aliments pour tous les peuples, les lacs, les fleuves, les rivières le sont pour chaque royaume, chaque province, chaque canton. On y pêche tous les ans, on y pêche toute l'année, et toujours les poissons réalisent à nos yeux cette bénédiction que Dieu leur a donnée dans l'origine : croissez, multipliez-vous, et remplissez les eaux. Toujours les eaux se remplissent de poissons d'abord imperceptibles, mais qui croissent comme à vue d'œil et qui se multiplient bientôt à leur tour. Une seule carpe, échappée au filet des pêcheurs, suffit pour repeupler toute une rivière avec ses trois cents milliers d'œufs. Qui ne bénirait le Créateur à la vue de tant de merveilles! Que d'inexplicables variétés dans le peu que nous connaissons de ses œuvres vivantes! Ici les tortues, les écrevisses, les coquilles, les huîtres, qui ont les os en dehors et la chair en dedans; là les poissons de toute espèce, qui ont les os en dedans et la chair en dehors, mais recouverte d'une peau qui n'est elle-même qu'un toit d'écailles. Ceux-là cheminent lentement avec leur maison de pierre; ceux-ci s'élancent comme un trait, se bercent mollement, s'élèvent, descendent à leur volonté. Pour fendre plus facilement les ondes,

Dieu leur donne un corps effilé, aplati sur les côtés et aiguisé par la tête. Des rames naturelles ou des nageoires, placées sous la poitrine et sous le ventre, à la queue et sur le dos, les dirigent dans tous les sens. Ils ont un organe plus curieux encore, c'est une vessie d'air qu'ils dilatent et compriment à leur gré. La compriment-ils, devenus plus pesants ils enfoncent; la dilatent-ils, devenus plus légers ils remontent. Quoique toujours dans l'eau, ils respirent cependant l'air comme nous, mais non autant que nous. Ils en trouvent assez dans l'eau qu'ils avalent par la bouche et chassent par les ouïes ; les bronchies, au passage, en extraient les particules aériennes, à peu près comme nos poumons décomposent l'air atmosphérique, et en emploient une partie à purifier le sang. Enfin chaque espèce de poisson a reçu une arme ou du moins quelque industrie pour se défendre au besoin : la baleine, sa queue meurtrière; l'espadon, son épée à scie; la licorne de mer, sa corne en spirale; le hérisson, la perche, leurs piquants; la pourpre, sa tarière, qui perce les coquilles les plus dures; la sèche, une bouteille d'encre pour se dérober à sa vue. Le dauphin lance aux yeux de son adversaire un violent jet d'eau pour l'étourdir ; la torpille engourdit la main qui la veut saisir ; tel autre, sur le point de devenir la proie de ses nombreux ennemis, s'envole dans l'air au moyen de larges membranes qui lui servent d'ailes, et avec lesquelles il s'y soutient tant qu'elles demeurent humides. Quant aux poissons qui ont le moins d'industrie pour se défendre, ils ont en récompense la plus grande fécondité pour se propager ; tandis que ceux qui, par leur grosseur, leur voracité, leurs armes, sont les plus redoutables, ne multiplient, en comparaison, que très-peu. La baleine ne produit par an qu'un seul petit, tout au plus deux ; le hareng des milliers. C'est ainsi que Dieu, et dans la mer orageuse où s'agitent les poissons, et dans cette autre mer orageuse où s'agitent les hommes, fait également sortir l'ordre du désordre, la paix de la guerre, l'harmonie éternelle des révolutions temporaires.

Le poisson volant qui s'élance dans les airs nous y fait apercevoir un nouveau monde, de nouveaux êtres, de nouvelles formes, une nouvelle décoration : le monde des oiseaux. Les écailles sont remplacées par des plumes; un bec prend la place des dents ; aux nageoires succèdent des ailes et des pieds; des poumons intérieurs et d'une autre structure font disparaître les ouïes : le silence qui régnait jusque alors dans la nature est banni, et, dans plusieurs espèces, remplacé par les chants les plus mélodieux.

Il en est de ces nouveaux êtres, tels que le cygne, l'oie, le canard, qu'on voit à peine quitter l'humide élément dont la voix du Créateur les a fait naître. Tranquilles au milieu des orages, ils luttent contre les vents, se jouent avec les vagues, sans redouter de naufrage. Navigateurs nés, leur corps est bombé comme la carène d'un vaisseau ; le cou, qui s'élève sur une poitrine saillante, en est comme la proue; leur queue courte et ramassée en pinceau semble être un gouvernail; leurs pieds palmés sont de vraies rames ; enfin le duvet fin, épais et verni d'huile, qui revêt tout leur corps, est une sorte de goudron naturel, qui les défend contre l'impression de l'eau. Au milieu de cet élément si agité, leur vie est paisible, ils s'y jouent, s'y ébattent, y plongent et reparaissent avec des mouvements toujours agréables : ils y rencontrent leur subsistance plus qu'ils ne la cherchent : aussi leurs mœurs sont-elles en général innocentes et leurs habitudes pacifiques. Ils attendent l'homme pour lui donner leur duvet et leurs plumes, et même pour accourir à sa voix.

Un peu plus loin sur le rivage, apparaissent d'autres oiseaux au corps élancé, au long cou; leurs pieds, haut montés, sont privés de membranes; aussi ne nagent-ils point; mais ils marchent dans les marais et les eaux profondes. Leur bec s'allonge et s'effile pour fouiller dans le limon vaseux et y chercher la pâture qui leur convient, des poissons, des reptiles, des insectes. La cigogne est de ce nombre : la cigogne, que les anciens ont nommée la pieuse, à cause de sa piété filiale envers ses parents. Sont-ils vieux, elle les nourrit et les réchauffe avec la même tendresse que ses petits, les soulève dans leur défaillance, et leur aide à voler avec ses ailes pour goûter encore quelque plaisir d'un âge meilleur (1).

Ailleurs la poule domestique nous avertit qu'elle vient de payer d'un œuf frais notre hospitalité. L'hirondelle, sauvage et familière tout ensemble, suspend avec confiance sa maison au-dessus de nos foyers. Au jardin, le pinson, le chardonneret, le bouvreuil, nous réjouissent de leur plumage et de leur chant. Allons-nous à la campagne, la linotte et la fauvette nous saluent du milieu des buissons ; l'alouette champêtre s'élève joyeuse au-dessus de nos têtes, et semble nous inviter, par sa ravissante mélodie, à nous élever avec elle jusqu'aux cieux. Au voisin bocage, le rossignol solitaire fait retentir de sa voix les échos d'alentour : s'aperçoit-il que nous prêtons l'oreille, il paraît s'animer davantage ; il compose et exécute sur tous les tons, va du sérieux au badin, d'un chant simple au gazouillement le plus capricieux, des cadences et des roulements les plus légers à des soupirs tendres, languissants et lamentables,

(1) Ambr. in hexaem. 6, 5 ; c. 16.

qu'il abandonne ensuite pour revenir à sa gaieté naturelle. Dans notre admiration, nous supposons à ce chantre de la nature une taille gracieuse, un plumage brillant, un regard superbe, mais il est d'une chétive apparence, d'une couleur fort commune, et d'un regard timide. Jusque parmi les oiseaux, Dieu se plaît à départir ses dons les plus parfaits à ce qu'il a fait de plus humble.

L'aigle, roi des airs, a reçu en partage la grandeur, la force, le courage, la vue perçante, la rapidité du vol. Il pose son nid sur des rochers inaccessibles, regarde le soleil fixement, s'élève par-dessus les nues, et de là fond sur la proie qu'il découvre dans la plaine. Ses petits, nourris de sang et de carnage, sont-ils en état de voler, il les chasse de son aire et de ses alentours, et les force d'aller ailleurs conquérir un empire. Par la hardiesse de son vol et la pénétration de son regard, il est l'emblème du génie qui s'élève jusque dans le sein de Dieu pour y contempler le Verbe, la lumière et la vie ; par la domination qu'il exerce dans tout son voisinage, par la facilité avec laquelle il emporte dans ses serres les oiseaux les plus pe-

sants et même des quadrupèdes, il est l'emblème
de ce peuple-roi auquel il fut donné de conquérir
tous les autres. Et la voix des prophètes et la voix
des peuples ont également reconnu à l'aigle ces
nobles prérogatives.

Bien différentes de l'aigle sont la colombe et
la tourterelle, emblème toutes deux d'une âme
chaste, simple, douce, aimante, fidèle à Dieu : la
colombe qui ne vit que pour son époux et ses enfants ; la tourterelle qui, lorsqu'elle a perdu le sien,
n'en souffre plus d'autre, mais passe le reste de
ses jours dans le veuvage et la solitude ; la tourterelle et la colombe qui seront offertes à la place
de celui qui s'offrira pour nous (1). Lorsque Dieu
aura noyé le monde dans le déluge, la colombe
nous annoncera la paix ; lorsque l'Esprit de Dieu,
qui vivifia les eaux dans l'origine, viendra les sanc-
tifier dans celles du Jourdain, il descendra sous la
forme d'une colombe, symbole d'innocence et
d'amour.

Mais si l'Esprit de grâces et de lumière a son

(1) Ambr. in hexaem. c. 5 ; c. 19.

emblème dans la colombe, les esprits de malice et de ténèbres ont aussi les leurs dans les oiseaux de nuit. Espèces de fantômes à la figure sombre, à la physionomie haineuse, au bec crochu, aux serres tranchantes, au cri sinistre; ils habitent les lieux de ruine et de désolation, et se servent du temps du sommeil pour surprendre les petits oiseaux endormis; image parlante de ces esprits méchants et haineux qui habitent ces lieux d'éternelle horreur, les âmes en ruine, et, dans les moments de ténèbres, surprennent celles qui ne sont pas sur leurs gardes.

Combien d'autres leçons, et sur la divine Providence et sur nos propres devoirs, les différentes espèces d'oiseaux ne nous donneraient-elles point si nous savions y faire attention! Non-seulement notre Père les nourrit, mais encore il les habille chacun d'une robe et d'une couleur différente. Et dans cette robe, quel moelleux, quelle finesse, quelle élégance! et dans cette couleur, quelle variété, quelle richesse! depuis l'énorme autruche, dont les plumes ornent la tête des rois et des reines, jusqu'au charmant colibri, vrai bijou de la nature, qui vit du suc des fleurs, se baigne sur une feuille dans la rosée du matin, et qui à sa mort sert de pendants d'oreilles aux femmes indiennes, et dont en effet le plumage demi-transparent surpasse tout l'éclat des pierres précieuses.

C'est peu que le Père céleste fasse pour eux tant de merveilles, il leur en fait faire. Car quel autre que lui leur apprend, au retour de la belle saison, à construire d'avance un berceau pour leurs enfants à naître? à le construire avec tant d'art et de symétrie, les uns à terre au milieu des prés et des moissons, les autres dans le creux d'un arbre, sur les branches, dans un buisson, contre une muraille, dans le trou d'un rocher; ceux-ci avec du mortier, ceux-là avec des branches d'arbre, d'autres avec des brins d'herbe, de la mousse, du crin, de la laine, des plumes, tels que les petits oiseaux? Qui leur dit qu'ils auront des œufs, qu'il faudra rester dessus tel nombre de jours pour les animer d'une chaleur vitale? Qui leur dit qu'au bout de ce temps il doit en éclore des petits? Qui inspire à leur mère la tendresse pour les soigner, le courage pour les défendre avant et après leur naissance? Qui donne alors à la craintive fauvette le courage d'attaquer l'homme même? N'est-ce pas celui qui l'a faite, celui qui disait à son peuple : « Si en marchant dans un chemin vous trouvez sur un arbre ou à terre le nid d'un oiseau et la mère couvant ses petits ou ses œufs, vous ne retiendrez pas la mère avec les enfants, vous laisserez aller la mère afin qu'il vous arrive bonheur, et que vous viviez longtemps (1). »

Qui n'admirerait alors dans les oiseaux les prodiges de la tendresse maternelle, les soins qu'ils se donnent pour trouver et apprêter convenablement la nourriture à leurs petits, leur dévouement, leur industrie pour les sauver dans le péril? La poule, d'un naturel si gourmand, ne garde plus rien pour elle ; tout est pour ses poussins. Pendant qu'ils mangent, elle veille à leur sûreté. Sont-ils repus, elle les rassemble et réchauffe sous ses ailes. Belle image de tendresse sous laquelle le Sauveur se représente lui-même : « Jérusalem, Jérusalem, combien de fois j'ai voulu rassembler tes

____

(1) Deut. 22, 6 et 7.

enfants, comme une poule rassemble ses poussins sous ses ailes (1)! »

Autre merveille. Il y a des oiseaux qui restent toujours avec nous; il y en a quelques-uns, tels que les bécasses, qui nous quittent au printemps pour revenir avec les frimas; mais le plus grand nombre nous quitte à l'automne pour revenir au printemps. Les cailles s'en vont en Afrique et en Asie, où elles nourriront un jour le peuple de Dieu; les hirondelles au Sénégal. Qui donc leur apprend qu'il est ailleurs des pays plus doux? Quelle géographie leur enseigne la route? Qui leur a commandé de se réunir en troupes et de partir tous au même signal? Qui enfin a donné aux grues cet admirable gouvernement qui mériterait de servir de modèle?

« Chez elles, dit Ambroise de Milan, il y a une certaine police et milice naturelles; chez nous elle est forcée et servile. Avec quelle exactitude volontaire et non commandée les grues montent la garde la nuit! Vous y voyez disposées des senti-

____

(1) S. Matth., 23, 37.

nelles, et tandis que leurs compagnes reposent, d'autres font la ronde et explorent si on ne tend pas quelques embûches : chacune s'emploie avec un soin infatigable à la sûreté commune. Son heure de veiller est-elle accomplie, a-t-elle fait son devoir, elle se dispose au sommeil après avoir donné un signal pour réveiller une autre qui dort, et à qui elle remet son poste. Cette autre l'occupe aussitôt volontairement : la douceur du sommeil qu'il lui faut interrompre ne la rend ni revêche ni paresseuse ; elle remplit dignement son devoir, et le service qu'elle a reçu, elle le rend avec une exactitude et une affection égales. Là, nulle désertion, parce que le dévouement est naturel ; la garde y est sûre, parce que la volonté est libre. Elles observent le même ordre en volant, et allégent tout le travail par le moyen que chacune se charge de la conduite à son tour. Une d'elles est en avant pour fendre l'air, à la tête d'un bataillon qui suit en triangle : a-t-elle fait son temps, elle se retire à la queue et laisse à la suivante la charge de conduire la troupe. Le travail et l'honneur sont communs à tous ; la puissance n'est pas un privilége que s'arroge le petit nombre, mais, par une espèce de sort volontaire, elle passe successivement à tous ; quoi de plus beau ? C'est là le type d'une république primitive et le modèle d'une cité libre. Tel fut le gouvernement que les hommes reçurent de la nature à l'exemple des oiseaux, et qu'ils pratiquèrent dans l'origine : le travail était commun, commune était la dignité ; chacun apprenait à partager à son tour les soins, l'obéissance et le commandement. C'était l'état parfait des choses (1). »

Mais pendant que nous admirons l'industrie et le gouvernement des oiseaux voyageurs, j'entends une autre espèce de volatiles, une nuée d'insectes, un essaim d'abeilles bourdonner autour de moi, comme pour réclamer la prééminence du gouvernement et de l'industrie. En effet, il serait difficile de ne pas la leur accorder. Leur gouvernement est une monarchie tempérée, distinguée en trois ordres : une reine unique mère de tout son peuple, des ouvrières au nombre de douze à quarante mille, et quelques mâles. L'essaim est-il

____

(1) Ambr. in hex., l. 5, 15.

entré dans une ruche ou dans un creux d'arbre, aussitôt les ouvrières en nettoient l'intérieur et l'enduisent d'une espèce de gomme ; puis transformant en cire le miel qu'elles ont cueilli sur les fleurs, et le transpirant par petites lames entre les anneaux de leur ventre, elles en bâtissent des cellules à six pans. C'est là que les œufs pondus par la reine régnante se transforment successivement en vers, en nymphes, en abeilles. Les ouvrières, devenues aussitôt nourrices, couvent ces œufs avec grand soin, nourrissent les vers avec du miel et de la poussière de fleurs que d'autres leur apportent des champs dans des espèces de cuillers qu'elles ont à leurs pattes postérieures.

S'il se trouve néanmoins dans la même ruche deux reines à la fois, il y a révolution dans l'État. Pour y mettre fin, les deux rivales se cherchent et se combattent devant la nation assemblée, jusqu'à ce que l'une des deux succombe. Il se pourrait que dans ce duel elles se donnassent en même temps la mort l'une à l'autre. La Providence y a pourvu. Se sont-elles saisies de manière à se percer réciproquement, tout à coup elles se quittent et s'enfuient chacune de son côté , mais bientôt elles reviennent au combat, le peuple même les y ramène de force, jusqu'à ce que l'une des deux ait triomphé de l'autre.

Voilà des merveilles bien étonnantes, d'autant plus étonnantes, qu'on les a plus longtemps ignorées; d'autant plus étonnantes, qu'elles ont été découvertes de nos jours par un observateur aveugle, François Huber. Combien d'autres merveilles que nous continuons d'ignorer !

Dieu apparaît d'autant plus grand, dit Cyrille de Jérusalem, qu'on connaît mieux les créatures (1): aussi le plus sage des rois, Salomon, reçut-il cette connaissance d'en haut avec la divine sagesse. Lors donc que, dans la jeunesse surtout, la même Sagesse, la même Providence, nous offre les moyens de recevoir les mêmes instructions, gardons-nous d'une coupable indifférence ou paresse.

Imitons le fils de David ; comme lui, préférons les leçons de cette sagesse divine aux royaumes et aux trônes ; amassons dans la saison favorable ces

____

(1) Catéch . 9.

trésors de science qui non-seulement embelliront notre vie sur la terre, mais peuvent encore rehausser notre gloire dans le ciel. Les insectes mêmes nous donnent l'exemple. « Va vers la fourmi, dit Salomon au paresseux, considère ses voies, et deviens sage. Elle n'a ni chef, ni modérateur, ni maître, cependant elle prépare dans l'été son pain, et rassemble dans la moisson sa nourriture (1). »

En effet, les fourmis n'ont ni roi, ni reine, ni commandant; toutefois elles se réunissent en société, bâtissent des espèces de villes, travaillent en commun le jour, et font leur repas en commun la nuit. Elles constituent de véritables républiques où tout est mis en commun, propriétés, familles, nourriture et bestiaux (2).

Qu'est-ce donc que Dieu pour prodiguer ainsi les merveilles de toutes parts! Il n'y a pas jusqu'aux insectes les plus repoussants, aux chenilles, qui ne nous en offrent de plus étonnantes. Elles multiplient prodigieusement tous les ans, parce que

(1) Prov., 6, 6.
(1) Duméril, 8 7 3.

tous les ans elles doivent servir de pâture à une multitude prodigieuse d'oiseaux. Elles multiplient quelquefois à l'excès pour nous châtier et nous humilier de notre peu de reconnaissance envers leur Créateur et le nôtre. Leur aspect seul nous répugne. Cependant c'est à une chenille, et à une chenille des moins agréables par sa forme et sa couleur, que nous devons la soie, et par suite les étoffes les plus précieuses, les plus riches ornements pour les palais des rois et pour les temples de Dieu. Qui nous a dit que celles de nos jardins ne puissent donner lieu à quelque chose de pareil? Comme la chenille qui nous file la soie, ce sont des vers éclos d'un œuf pondu par un papillon. Après avoir rampé quelque temps et brouté l'herbe, elles se disposent au trépas. Pour cela les unes se filent des coques, d'autres se cachent sous terre dans de petites cellules bien maçonnées; les unes se suspendent par leur extrémité postérieure, d'autres se lient par une ceinture qui leur embrasse le corps. Dans cette espèce de sépulcre, elles se défont de leur peau, de leurs jambes, de l'enveloppe extérieure de leur tête, de leur crâne, de leurs mâchoires, de leur outil à filer, de leur estomac et d'une partie de leurs poumons. C'est un vrai trépas ou passage d'une existence à une autre. Dans ce nouvel état on les nomme fèves, parce qu'elles en ont la forme: chrysalides ou aurélies, parce que leur enveloppe a la couleur de l'or; nymphes enfin ou jeunes mariées, parce que dans cette enveloppe elles prennent de plus beaux atours et la dernière forme sous laquelle elles doivent paraître. Bientôt vous verrez la rampante, l'aveugle, la maussade chenille sortir de son tombeau transformée en léger papillon paré des plus vives couleurs, ayant des yeux et des ailes, apercevant au loin les fleurs de la prairie, volant de l'une à l'autre pour en sucer le miel et la rosée, et ne vivant, pour ainsi dire, que de plaisir et de bonheur.

Admirable image de ce que sera le trépas du juste. Après avoir vécu sur la terre, sujet à l'erreur et aux passions, il se recueille et se prépare à son dernier passage. Son corps descend dans la tombe; il y descend comme une masse inerte, grossière, prête à se corrompre. Mais un jour il

en sortira immortel, incorruptible, glorieux,
agile, spirituel même. Le nouvel homme s'élèvera
par-dessus les mondes, il prendra son essor jusque
dans les cieux, et y jouira d'éternelles délices (1).

(1) Hist. univ. de l'Église par l'abbé Rorrbacher.

PROMENADES

D'UN

NATURALISTE

CHAPITRE I.

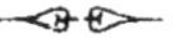

L'auteur à ses enfants.

Mes chers enfants,

Nous nous sommes souvent entretenus ensemble de sujets d'histoire naturelle, et mon désir, comme vous le savez, a toujours été que vous en fissiez votre étude favorite. En conséquence j'ai consacré quelques journées de cet hiver à mettre en ordre des observations faites par moi-même ou recueillies par d'autres sur le règne animal.

Cette étude, si intéressante en elle-même, et qui
réveille en nous les plus doux et les plus nobles
sentiments, ne saurait manquer d'élever notre cœur
et notre esprit vers ce Dieu qui, dans des vues toujours sages et bonnes, a créé tout être vivant. Plus
nous examinons attentivement les mœurs, les
habitudes et toute l'économie sociale des animaux,
surtout des oiseaux et des insectes qui nous entourent, plus nous trouvons sujet d'admirer dans
l'ordre et l'harmonie qui y règnent la merveilleuse
sagesse qui a présidé à l'organisation de l'espèce
la plus insignifiante en apparence : nous y voyons
clairement que les choses les plus minutieuses dans
la nature concourent chacune à un but particulier,
et que le Tout-Puissant se fait reconnaître d'une
manière aussi évidente dans la formation de l'aile
du moucheron que dans celle de l'astre brillant
qui nous éclaire. Derham, dans son ouvrage à la
fois si instructif et si captivant, intitulé *Théologie
naturelle,* s'exprime ainsi sur ce sujet : « C'est
une chose merveilleuse, lorsqu'on considère avec
quel art, quel soin et quelle délicatesse se trouvent
formés les articulations, les muscles et les nerfs

qui correspondent aux différents mouvements des ailes, des pattes et de chaque partie du corps; tous les organes sont admirablement adaptés à leurs fonctions respectives, jusque dans l'atome ou l'animalcule imperceptible, dont l'organisation est aussi complexe que celle de l'animal le plus grand. A l'aide du microscope nous y découvrons des yeux, une bouche, un estomac, des entrailles et tout ce qui compose un corps animal; chaque partie est munie de son appareil respectif de muscles, comme chez les animaux supérieurs; le tout est recouvert et protégé par un réseau parfait garni de poils et curieusement orné. »

L'observateur attentif d'un travail si admirable de perfection ne saurait s'empêcher d'y reconnaître la main toute-puissante et habile du créateur de l'univers, dont la moindre des œuvres est dirigée vers un but utile. Cette conviction une fois établie, avec quel plaisir ne parcourez-vous pas le vaste champ de la nature, poursuivant des études et des recherches qui vous procureront chaque jour de nouvelles jouissances, en même temps qu'elles seront un tribut de louanges au divin ouvrier qui se fait reconnaître dans chacun de ses ouvrages!

En contractant l'heureuse habitude de l'observation, vous remarquerez tout ce qui se présentera à vos regards ; vos promenades solitaires à la campagne acquerront un intérêt tout nouveau. Une personne indifférente passera son chemin, les yeux fermés, pour ainsi dire, tandis que le véritable amateur de la nature se trouve arrêté par mille objets variés qui sollicitent son attention et piquent sa curiosité.

Nous devons à des remarques ainsi journellement rédigées un des plus délicieux ouvrages que possède la langue anglaise : *L'Histoire naturelle de Selborne,* par le Rév. G. White. Soit qu'on l'envisage sous le rapport du style, soit au point de vue de la variété des anecdotes, ce livre plaira toujours à quiconque est vivement épris des beautés de la nature. Puissé-je réussir par ce petit travail à exciter en vous ces goûts qui amènent à leur suite, et la vigueur du corps, et le calme de l'esprit, et qui m'ont fait passer des moments que je ne voudrais pas échanger contre toutes les jouissances factices du monde. C'est dans cet espoir que je l'ai entrepris, et que je vous le dédie, mes chers enfants, avec toute l'effusion d'un père et d'un ami.

Nulle étude, peut-être, n'est plus attachante que celle qui s'efforce de suivre pas à pas et de saisir les admirables dispositions établies par Dieu dans toutes les parties de la création : il existe entre toutes choses un enchaînement merveilleux. L'esprit ne saurait aborder ce sujet sans être vivement frappé de l'infinie sagesse qui reluit dans les rapports qui unissent les créatures les unes aux autres. Tout paraît tendre à un but unique : la conservation de l'espèce. La mort n'est, pour ainsi dire, qu'apparente : la destruction n'est pas réelle. C'est la substitution d'une espèce à une autre espèce, ou bien une simple altération passagère qui sert à entretenir et même à communiquer la vie. Tel est un des faits les plus intéressants dans l'économie de la nature ! Pour des yeux clairvoyants, rien n'est plus digne d'admiration que ce perpétuel mouvement dans la matière. Un animal tombe et meurt ; les organes qui constituaient son corps entrent en décomposition : n'allez pas croire que

les éléments qui s'y trouvaient deviennent inutiles,
des myriades d'insectes, avertis par un instinct
que nous avons peine à expliquer, se précipitent
sur la victime. Ces innombrables petits animaux
achèvent promptement ce que les deux principaux
agents chimiques, la fermentation et la dissolution,
avaient commencé. Bientôt il ne reste plus que
les parties les plus solides du cadavre, les osse-
ments, les poils et les tendons. Attendons encore
quelques jours, et de nouvelles légions d'insectes
rendront à la nature les matières qu'elle réclame :
Providence admirable ! Il existe des insectes qui
se nourrissent exclusivement des poils, des tendons, des plumes et des substances les plus dures :
ce sont les *dermestes,* les *ptines,* les *nitidules,*
les *anthrènes.* Ces insectes remplissent la fonction
que le Créateur leur a confiée, avec une fidélité
et une persévérance qui désespèrent quelquefois
les naturalistes occupés de collections et les ama-
teurs de fourrures. Ainsi, après quelques jours,
tous les matériaux qui entraient dans la composition
du cadavre ont complétement disparu. Que sont-
ils devenus ? Ils sont rentrés dans l'immense labo-

ratoire de la nature pour servir à de nouvelles combinaisons. La vie végétale et la vie animale leur emprunteront tour à tour le principe de leur accroissement et de leur multiplication.

Les pétales parfumés de la rose, l'aile de l'insecte éblouissante d'or et d'azur, toutes les productions du règne végétal et du règne animal, les sels même, et les différents composés du sol, ne sont que le résultat des changements continuels de la matière organique. Depuis le premier instant de la création jusqu'au moment actuel, cette matière circule, pour ainsi dire, dans des canaux mystérieux et innombrables, sans que la moindre parcelle en soit jamais perdue. Pour nous qui sommes pénétrés de cette grande vérité, que toutes ces combinaisons ne sont l'effet ni du hasard, ni du concours fortuit des atomes, mais l'acte prémédité de l'Intelligence suprême, quel sujet éminemment propre à exciter notre foi et notre admiration !

La nature est un grand économe, j'en acquiers l'expérience tous les jours. La *farine* des fleurs, la feuille qui tombe, l'écorce desséchée de l'arbre, doivent encore servir à un but utile. Le brin de jonc tombé au fond de l'eau devient la demeure d'un insecte, et la toile délaissée de l'araignée fournit à nos charmants chansonniers du printemps des matériaux pour leurs constructions aériennes.

J'étais enchanté l'autre jour d'une observation que me fit un honnête et simple jardinier. Il est impossible, disait-il, de se livrer à l'étude des plantes, et de rester athée, surtout en remarquant leur merveilleuse appropriation aux différents climats où elles se trouvent. Il m'a montré la *plante à urne, Nepentez distillatoria,* qui ne fleurit que dans les pays de la zone torride, et qui présente à l'extrémité de ses feuilles une petite urne à couvercle remplie d'eau servant de réservoir aux oiseaux qui viennent s'y désaltérer dans les ardeurs du soleil. La famille des cactus croît dans les sables brûlants et fournit à la fois la nourriture et le breuvage. Le melon d'eau se trouve au milieu des déserts arides de l'Afrique. L'homme, comme l'animal, trouve ses aliments et sa boisson de la manière la plus convenable au climat qu'il est destiné à habiter sur ce globe.

C'est en poursuivant le cours de mes observations sur des sujets de ce genre, que je suis parvenu à apprécier de plus en plus tout ce qu'une vie passée à la campagne renferme de charmes, et à tirer mes jouissances des scènes et des objets qui s'offrent journellement à mes regards. L'âme pieuse et méditative se sent entraînée irrésistiblement vers Dieu au milieu des beautés de ce monde physique, qui souvent sont des emblèmes touchants d'un ordre plus élevé. Aussi l'écrivain inspiré emprunte-t-il ses images les plus frappantes à la nature et à la vie champêtre. L'homme juste est comparé à un arbre planté le long des eaux, qui donne ses fruits dans la saison convenable, et qui ne craint pas le temps de la sécheresse. Les chants du roi-prophète sont remplis d'allusions poétiques aux scènes de la création. Le Sauveur lui-même, en nous invitant à « considérer le lis des champs, déclare que Sa-« lomon dans toute sa gloire n'était pas vêtu « comme l'un d'eux. »

CHAPITRE II.

J'ai souvent observé avec un vif intérêt le soin que prend une tendre Providence pour la conservation de ses créatures. Ne faut-il pas croire que la même puissance avait ses vues en accordant à quelques-unes une beauté et un éclat de couleurs supérieurs aux autres. Cette vérité se fait sentir surtout dans la classe des oiseaux. Les mâles sont revêtus d'un plumage brillant, tandis que les femelles se distinguent par leur couleur modeste d'un brun foncé. Faut-il donc assigner à celles-ci un rang inférieur en les voyant reléguées si bas sur l'échelle de la beauté ? Non certes ; lorsque le mâle nous apparaît avec son plumage riche et varié, s'ébattant joyeusement aux rayons du soleil, n'oublions pas que sur sa compagne reposent les doux soins de l'amour et de l'affection maternelle. Elle couve, elle nourrit, elle protége au péril de sa propre vie ses petits, impuissants à se défendre. On verra que ce qui semble l'abaisser à nos yeux est au contraire une preuve d'une protection particulière. Son peu d'attraits extérieurs est sa principale sauvegarde, et son humble parure la soustrait à mille périls.

Si les femelles des oiseaux, pendant leur couvée, étaient exposées à la vue de l'homme et des oiseaux de proie et se distinguaient comme les mâles par des couleurs éclatantes, elles seraient bientôt découvertes et détruites, tandis qu'elles échappent à l'observation, précisément parce que leur plumage est de la même nuance que celle de la terre près de laquelle elles font leurs nids. Le faisan, le paon, la race des canards nous en offrent des exemples, de même que les bergeronnettes, le pinson, etc. Au contraire, le plumage des oiseaux mâles, comme des femelles du faucon, du cygne, du hibou, du corbeau et autres, ne varie point, parce que la nature les a doués de la force nécessaire pour se défendre.

Les oiseaux qui deviennent la proie ordinaire des autres, tels que la perdrix grise et l'alouette, nous fournissent une preuve frappante de ce que j'avance. On peut à peine les distinguer de la terre sur laquelle elles s'accroupissent instinctivement au moment où un émerillon maraudeur vient à planer au-dessus d'elles. Notre pigeon domestique et le pigeon ramier deviendraient facilement sa victime si leur salut ne se trouvait dans la force prodigieuse de leurs ailes, qui leur fait gagner la course dans leur lutte aérienne; tandis que les hirondelles, se confiant dans l'agilité prodigieuse de leurs mouvements, insultent à leur ennemi et font une véritable émeute autour de lui. Nos chansonniers, le rossignol, le rouge-gorge, la fauvette, le roitelet échappent à son œil pénétrant en se cachant dans le fourré épais des haies et des buissons ; la caille et le râle de genêt quittent à peine alors l'herbe longue et le blé en épis. On serait presque tenté de supposer, d'après cette merveilleuse économie établie pour la conservation des oiseaux faibles, que l'émerillon se trouverait dans l'impossibilité de se procurer sa nourriture ; mais lorsqu'on examine l'exquise symétrie de ses formes, la beauté et le brillant de son œil, la rapidité de son vol, on se convaincra que toutes ses victimes ne peuvent pas lui échapper. Cet oiseau de proie plane majestueusement au-dessus des bruyères et des terres marécageuses, et de là tombe sur les petits des lièvres et des lapins, voire même sur les grenouilles et les lézards. Il reste dans l'air un temps considérable, attendant que quelque circonstance fasse déguerpir de sa retraite un petit oiseau, sur lequel il se précipite, et qu'il parvient souvent à saisir.

Le kangarou habite un pays de plaines immenses, couvertes d'une herbe forte et touffue, qui

a souvent plusieurs pieds de hauteur. Par la grande
force de leur longue queue et de leurs pattes de
derrière, ces animaux peuvent faire des bonds suc-
cessifs de douze à vingt pieds de haut en sautant
d'un buisson à un autre, et échapper ainsi à la
poursuite de leurs ennemis. En outre, leurs petits
s'égareraient ou se perdraient au milieu d'un pays
fourré où la végétation déploie une vigueur extraordinaire, si la nature n'avait pas fourni à la
mère une espèce de poche abdominale qui sert de
retraite à ses petits, et dans laquelle elle les emporte à la moindre alarme. On m'a assuré que les
kanguroos qu'on élève en Europe perdent graduel-
lement l'usage de cette poche comme lieu de refuge pour la petite famille, que la grandeur et la
force de leur queue diminuent en même temps, et
qu'ils se sauvent en courant sur leurs *quatre* pattes.
Si cette observation est vraie, nous acquérons une
nouvelle preuve de la bonté et de la sagesse de Dieu
qui accorde à ses créatures les moyens les mieux
adaptés à leurs positions relatives, et diminue
ces mêmes moyens lorsque les besoins qui les ré-
clament ont cessé.

' La race des coucous serait bientôt éteinte si ces oiseaux bâtissaient des nids et couvaient leurs œufs comme font les autres espèces. Leur cri si particu_lier attirerait à eux chaque enfant du voisinage, et nous serions privés de ces sons qu'on n'entend jamais dans nos campagnes sans plaisir, parce qu'ils sont les avant-coureurs du printemps et de la belle saison. Admirons aussi l'instinct qui enseigne au coucou à déposer son œuf dans le nid d'un oiseau plus petit que lui, pour la nourriture duquel il est le plus friand. Lorsque la petite couvée est éclose, le coucou intrus se rend bientôt maître du nid qui lui a donné l'hospitalité. On trouve cet oiseau dans le nid de la bergeronnette et du moineau des champs. Il expulse les petits de leur demeure peu après qu'ils sont éclos, et semble prévoir l'impossibilité pour les père et mère de fournir une nourriture suffisante à toute la famille, car il a un appétit vorace qui augmente avec sa croissance.

CHAPITRE III.

La raison et l'instinct chez les animaux.

J'espère toujours reconnaître avec autant de respect que de reconnaissance le don inestimable fait par Dieu à l'homme, sa créature favorite, en lui accordant la faculté si étonnante de la raison.

Admettre, suivant les paradoxes de certains philosophes, que les animaux ont quelque part à ce bienfait, serait assurément dégrader la dignité de l'homme. Tous ceux qui cultivent l'histoire naturelle ont acquis la conviction, par des observations nombreuses, qu'il existe une distance infinie entre l'intelligence humaine, la raison, et l'instinct des animaux, quelque merveilleux que semblent les actes produits et dirigés par cet instinct. La raison est une lumière divine accordée à l'homme qui la possède dans sa plénitude; l'instinct est donné aux animaux par Dieu, il est vrai, mais on ne saurait établir la moindre comparaison entre deux facultés essentiellement distinctes.

Malgré notre réserve, nous admettons toutefois qu'on remarque dans l'histoire de plusieurs animaux, comme l'éléphant, le chien, le castor, des traits qui semblent provenir de l'exercice d'une faculté supérieure à un instinct aveugle. Sans nul doute l'éducation perfectionne les qualités naturelles des bêtes : nous voyons encore parfois des actions extraordinaires qui semblent indiquer de la réflexion. Quelque singuliers que soient les faits que l'on raconte, ils ne s'élèvent pas certainement jusqu'au domaine de la raison. Qui connaît les limites auxquelles s'arrête l'instinct des diverses races ?

Nous allons raconter à ce sujet quelques traits fort intéressants.

Je m'amusais un jour à faire manger le pauvre éléphant d'Exeter-Change à Londres. Une pomme de terre ronde que je lui présentai roula sur le plancher, trop loin pour qu'il pût l'atteindre. Il s'appuya contre les barreaux de sa loge, allongea sa trompe et parvint à toucher la pomme de terre, mais sans pouvoir la ramasser. Après plusieurs efforts infructueux, il s'avisa de souffler dessus fortement, de manière à ce qu'elle allât frapper contre le mur opposé et revînt ensuite rebondir de son côté, où il s'en empara sans difficulté. Comment l'instinct seul a-t-il appris à l'éléphant à se servir d'un pareil moyen pour arriver à son but ? Sa trompe lui sert de main, et à l'aide du bon sens et de la docilité dont cet animal est éminemment doué, cet organe le met à même d'accomplir des choses que l'homme dans un état d'ignorance et de barbarie n'eût point essayées.

Les castors ne sont pas seulement des modèles en fait d'industrie ; la manière dont ils opèrent en construisant leurs écluses ou digues dépasse tout ce qu'un instinct ordinaire a pu leur apprendre, et prouve qu'ils possèdent des facultés étonnantes. Lorsqu'ils veulent abattre un arbre, ils commencent par le ronger tout autour, en faisant de plus fortes incisions à un côté, pour déterminer la direction qu'il doit prendre dans sa chute. C'est ainsi qu'ils séparent des troncs qui ont de onze à douze pouces de diamètre. Les castors qui construisent leurs caves au milieu des rivières ou de petites criques se servent d'un admirable expédient pour empêcher l'écoulement des eaux dont les sources ont été taries par les fortes gelées : ils établissent une digue qui s'étend d'une rive à l'autre. Ces animaux s'assistent mutuellement dans leurs travaux, et paraissent avoir un langage par le moyen duquel ils communiquent entre eux. Ils calculent avec une précision étonnante et le nombre de leurs habitations et les approvisionnements nécessaires à l'existence de la communauté.

Les actes qui prouvent un certain calcul chez les animaux sont souvent très-extraordinaires. J'avais un chien qui m'était très-dévoué. On l'attachait le dimanche matin pour l'empêcher de m'accompagner à l'église. Ces jours-là il avait toujours soin de se cacher de bonne heure, et j'étais sûr de le retrouver ou à la porte de l'église ou à l'église même, dans la place que j'occupais.

Un chasseur accompli prêta à un de ses amis son chien favori. Cet ami avait peu de succès lorsqu'il se mettait en campagne; il pouvait tout au plus se vanter d'effrayer les perdrix, et bien rarement il se rendait coupable d'aucune mort en ce genre. Un jour, après avoir inutilement visé quelques oiseaux sur lesquels le vieux pointeur venait de tomber en arrêt, celui-ci se détourna presque avec un air de dédain, rebroussa chemin, et retourna chez lui, sans que jamais depuis on pût le décider à accompagner l'individu en question.

On cite des chiens, des chats et des brebis qui sont venus chercher de l'aide auprès de l'homme lorsque leurs petits se trouvaient en danger, et qu'ils n'avaient pas le pouvoir de les en tirer; plusieurs animaux et insectes feignent la mort à l'occasion pour échapper au péril. J'ai connu un chien qui, par ses gesticulations significatives, fit entendre à une famille que le feu était à sa maison; la même chose m'a été rapportée d'un chat.

Il est bien connu que les oiseaux qui vivent en communauté placent une sentinelle sur un arbre élevé, afin qu'elle puisse donner l'alarme en cas de danger; quelle forme de langage ou quel instinct a déterminé cet oiseau à faire le guet, dans le but de protéger ses semblables, alors qu'il se sentait probablement aussi affamé que ceux qui mangeaient en toute tranquillité près de lui?

Un gobe-mouche (*muscicapa grisola*) avait construit son nid dans un poirier adossé au mur de mon jardin; je m'étais arrêté deux ou trois fois pour l'observer. Un matin je cherche le nid sans pouvoir le découvrir; enfin je le trouve; mais il était complétement changé, quant à l'extérieur, qu'on distinguait à peine des objets qui l'entouraient. Quelques feuilles du poirier paraissaient avoir été amenées à dessein de son côté pour le soustraire à la vue.

Des enfants avaient découvert dans une haie de leur voisinage un nid de roitelets. Ils en firent part à une personne qui, comme moi, aime à étudier les habitudes et les mœurs des oiseaux. Il leur promit une récompense à condition qu'ils ne toucheraient pas au nid, promesse qu'ils gardèrent fidèlement, en se permettant toutefois d'y jeter un coup d'œil à la dérobée de temps à autre. Il revint quelque temps après, et en l'examinant de nouveau, il trouva que les oiseaux avaient soigneusement bouché l'entrée primitive et pratiqué une autre ouverture. Il était évident que le roitelet, offusqué par des regards curieux, et ne voulant pas abandonner ses œufs, avait employé cet expédient pour parer à l'inconvénient qu'il éprouvait.

Les abeilles montrent une intelligence rare pour obvier à la difficulté qu'elles éprouvent à marcher sur la surface polie du verre qu'on place quelquefois dans leurs ruches. J'ai l'habitude de poser dans la partie supérieure de mes ruches de paille de petits globes en cristal, afin qu'ils soient remplis de miel; et j'ai constamment remarqué qu'avant d'entreprendre la construction de leurs rayons, ces insectes déposent à des distances régulières des gouttes de cire, qui leur servent de marche - pieds sur la surface glissante du verre; chaque abeille appuyait ses deux pattes du milieu sur un de ces points, tandis que ses pattes de devant s'accrochaient à celles de derrière de l'abeille qui était au-dessus d'elle, et formaient ainsi une échelle au moyen de laquelle les travailleurs atteignirent le haut de la ruche et commencèrent leurs opérations.

Le pouvoir qu'ont ces insectes de donner de l'air à leurs ruches, et par là d'empêcher que la température trop élevée de l'atmosphère ne fasse fondre la cire, prouve qu'ils sont guidés par quelque chose de plus que l'instinct ; car dans leur état naturel les abeilles ne sont pas confinées dans des ruches, ni exposées aux rayons du soleil. Dans la grande chaleur, on peut remarquer en bas de la ruche un certain nombre d'individus (ce nombre varie sans doute selon l'état de l'atmosphère), agitant leurs ailes avec une telle rapidité, que le mouvement en était presque imperceptible. Si, tandis que cette action a lieu, on approche une chandelle de l'ouverture qui se trouve à la partie supérieure, elle sera immédiatement éteinte par le courant d'air produit par cette manœuvre. Cependant j'ai remarqué, lorsque la chaleur était intense, que tous leurs efforts étaient impuissants pour maintenir la température de leur ruche à un degré convenable, et que la cire se fondait. Dans ce cas, il est dangereux d'en approcher de trop près, à cause de l'extrême irritation des abeilles; et quoique les miennes paraissent me connaître et me traiter en ami, j'ai souffert en ces occasions de leurs piqûres, en voulant les abriter contre l'ardeur du soleil.

Maintenant vous n'hésiterez pas, je pense, à admettre avec moi qu'il existe chez les animaux et les insectes une faculté très-rapprochée de la raison. Il faut cependant bien se garder d'adopter légèrement les expressions d'*intelligence*, de *raison*, de *raisonnement*, de *pensée*, appliquées aux animaux, et même aux animaux de classes inférieures, qu'il n'est point rare de trouver, surtout dans les ouvrages modernes d'histoire naturelle, et qui donnent lieu de craindre que ce ne soit là comme un écho des doctrines matérialistes qui tendent à s'infiltrer partout. Aussi rien de plus téméraire, philosophiquement parlant, que ce qu'avance le docteur Darwin; à ce sujet, il dit que « si nous connaissions mieux les mœurs des insectes qui vivent en communauté comme les abeilles, les guêpes, les fourmis, nous trouverions que, sous le rapport des arts et des progrès, elles ne restent pas stationnaires, comme nous pourrions l'imaginer; mais qu'au contraire leurs connaissances dérivent, comme chez l'homme, de l'expérience et de la tradition, quoique leur raisonnement se porte sur peu d'idées, s'occupe de moins d'objets, et s'exerce avec une énergie plus faible. » Ma théorie, je l'avoue, ne va pas aussi loin que celle du docteur Darwin; car, en admettant la sienne, on ne saurait assigner de bornes à l'exercice de la raison chez les insectes; mais au moins elle sert à établir l'existence d'un instinct supérieur chez plusieurs animaux. Le même docteur nous en cite un exemple remarquable; il a été lui-même témoin oculaire du fait. Un jour qu'il se promenait dans son jardin, il aperçut sur le sable une guêpe aux prises avec une mouche presque aussi grande qu'elle, dont elle venait de s'emparer. Se baissant pour mieux les observer, il vit la guêpe séparer la tête de l'abdomen de la mouche, et s'envoler en prenant entre ses pattes le tronc auquel les ailes restaient attachées. Le vent agissant sur les ailes de la mouche, fit tournoyer la guêpe en tous sens et empêcha son vol. Elle redescendit alors dans l'allée de sable, scia avec délibération l'une après l'autre les deux ailes qui avaient causé son embarras, et s'enfuit avec sa proie.

Lorsqu'une guêpe se trouve prise dans la toile d'une araignée, celle-ci semble prévoir tout le danger qu'il y aurait pour elle à s'exposer à l'aiguillon de son ennemie; elle évite avec soin tout contact immédiat avec elle, et elle l'entoure de ses fils de manière à ce que la guêpe ne puisse ni lui échapper ni la blesser. Ce n'est que lorsqu'elle est morte qu'elle s'en nourrit.

Dans les îles Bermudes, il existe des araignées qui font leurs toiles entre des arbres séparés par une distance de plusieurs pieds. Elles lancent leurs fils en l'air, et le vent les porte d'un arbre à un autre. Leur toile, lorsqu'elle est achevée, est tellement forte, que les oiseaux viennent s'y prendre. C'est un fait maintenant reconnu, que les araignées lancent un fil en l'air pour se faciliter les abords d'un objet difficile à approcher.

On a remarqué avec justesse que toutes les œuvres dignes de l'homme se retrouvent par imitation chez les animaux. Si nous voulons contempler une belle architecture, surveillons les travaux de l'abeille et d'autres insectes. Le tisserand pourrait s'instruire auprès de la toile de l'araignée. L'industrie persévérante de la fourmi nous est donnée pour modèle, non-seulement par Salomon, mais aussi par les anciens poëtes :

> La fourmi prévoyante, avec de longs efforts,
> Des moissons de Cérès enrichit ses trésors.
>
> HORACE, *Sat*, I, I, trad. de Daru.

CHAPITRE IV.

—◦—

Continuation du chapitre précédent.

Les ruses et les stratagèmes employés par les
animaux méritent notre attention ; ce sont les
efforts d'une nature timide et faible pour assurer
sa propre conservation, et le plus généralement
pour défendre l'existence des jeunes races. Il est
donné à peu d'entre eux d'atteindre ce but par la
seule force physique : mais toutes les créatures
probablement ont la faculté de protéger leurs

petits contre les périls qui les environnent, quoique les moyens qu'ils emploient pour les y soustraire nous soient souvent inconnus. La pauvre petite mésange bleue (*parus cœruleus*), qui n'a ni le bec ni les griffes assez forts pour repousser les agressions de l'ennemi le plus faible, essaiera néanmoins d'intimider ses persécuteurs par des menaces ; elle construit presque invariablement son nid dans un trou de mur ou de tronc d'arbre, et la petitesse de son corps lui permettant de s'insinuer par les fentes les plus étroites, elle est ordinairement à l'abri de tous ceux qui pourraient la molester. Un enfant maraudeur veut-il la surprendre, elle réussit à l'effrayer; au moment où il introduit un doigt dans le trou au fond duquel elle a son nid, elle pousse une espèce de sifflement si extraordinaire, et ressemblant si peu aux notes habituelles des oiseaux, que l'enfant retire promptement sa main dans la crainte d'y rencontrer quelque serpent.

Rien ne manifeste d'une manière plus frappante les soins d'une sage Providence pour la conservation de ses créatures, que les précautions adoptées par plusieurs animaux pour se soustraire à l'observation. Que d'intelligence dans les moyens qu'ils emploient au point de changer même l'extérieur de leur petite demeure, lorsqu'ils s'aperçoivent qu'elle a été découverte! Ceci s'applique surtout aux espèces les plus faibles qui ont besoin d'être protégées. L'aigle plane haut dans les airs, construit son nid sur le rocher, et semble défier la cruauté de l'homme; tandis que le timide roitelet, qui semblerait abandonné à sa faiblesse, trouve cependant les ressources nécessaires à sa conservation et à celle de son espèce. Quel sujet intarissable d'admiration pour tout esprit réfléchi!

Toutefois la nature ne poursuit pas invariablement la même voie, comme on le prétend; et on trouve des exceptions qui méritent d'être citées comme dérogations curieuses à la règle générale.

Une hirondelle qui s'était installée dans le jardin d'un propriétaire du comté de Northumberland, choisit, pour y bâtir son nid, l'angle d'une remise ou hangar. Cet angle n'ayant point de rebords ou de pierres en saillie sur lesquelles elle pût appuyer sa construction, notre petit architecte avisa aux moyens d'y suppléer. On la vit apporter de la terre glaise dont elle forma un rebord ou point d'appui de chaque côté du mur, et à peu de distance du coin. Elle plaça alors en travers un morceau de bois, dont les deux bouts reposaient sur cette maçonnerie improvisée, et dans ce petit recoin triangulaire elle établit son nid sur des bases solides.

Une personne qui a vu elle-même le progrès du nid, et qui en parlait avec admiration, garantit l'exactitude de ces détails.

Une fauvette (*silvia hortensis*) avait, à deux reprises consécutives, construit son nid dans le lierre d'un mur de jardin, et à chaque fois les grands vents venaient détruire tout le fruit de ses labeurs. A son troisième essai elle voulut prévenir la répétition de pareils désastres, et elle attacha un brin de laine à une branche de lierre; puis, le tissant autour du nid, elle alla relier l'autre bout à une seconde branche qui se trouvait auprès.

Il paraîtrait que les oiseaux possèdent la faculté instinctive de pressentir un danger qui est proche, quoique rien ne paraisse le faire appréhender dans le moment. Il y a quelques années, un énorme et superbe frêne fut renversé par le vent dans le jardin du presbytère de Newcastle, sur le Tyne. Plus de cent cinquante cercles concentriques se comptaient sur son tronc et indiquaient son grand âge. En l'examinant de près, on le trouva pourri près de sa racine, et il ne restait de sain au centre qu'un morceau gros comme le bras d'un homme. Une colonie de grolles faisait choix tous les ans de cet arbre pour y construire des nids. Elles semblèrent prévoir sa chute prochaine, et trois ans avant qu'elle eût lieu, elles le désertèrent sans cause apparente, et fixèrent leur séjour sur un autre frêne voisin, qui se trouvait protégé par les cheminées des maisons adjacentes.

Les mouvements de quelques oiseaux sont singuliers, entre autres ceux de la bergeronnette, du rossignol de muraille, du sansonnet. Le rouge-gorge a un air martial et montre beaucoup d'audace, le verdier ou moineau des haies est timide et paisible. Le roitelet est inquiet et toujours en mouvement. Le moineau des villes se permet une audacieuse familiarité qui diminue l'intérêt que nous serions portés à lui accorder. J'ai souvent remarqué les petits de ces oiseaux élevés au milieu de toute la fumée de Londres, et si peu timides qu'avant même de savoir voler ils sautent partout dans les rues, cherchant les miettes de pain et autres débris dans les ruisseaux. Ils acquièrent dans un âge encore tendre cette hardiesse et cette insouciance du danger qui sont les traits distinctifs du moineau de la capitale. Cette indifférence apparente n'exclut pas cependant l'adresse avec laquelle ils savent esquiver une catastrophe, et cela au moment précis où il devient urgent de le faire.

Plusieurs oiseaux ont l'instinct de se tenir tous ensemble le plus près possible l'un de l'autre lorsqu'il fait froid, afin de se communiquer la chaleur. J'ai observé les hirondelles, à la fin de l'automne, suspendues comme un essaim d'abeilles, les ailes étendues, sous les rebords d'un toit. Plus d'une fois on a trouvé des roitelets pendant l'hiver ainsi agglomérés. Allan Cunningham raconte dans son style naïf le trait suivant.

« Une nuit très-froide du mois de décembre, et

pendant un temps de neige, je m'esquivai de la maison paternelle (j'avais alors dix ans) pour aller à la chasse des moineaux qui font leurs nids dans les toits de chaume de nos paysans. Ils y pratiquent des trous semblables à ceux que font les hirondelles sur les bords des rivières. J'enfonçai la main dans un de ces trous, et j'empoignai quelque chose de moelleux et de chaud; un petit cri étouffé m'annonça au même instant que ce quelque chose était en vie. Je n'eus rien de plus pressé que de l'emporter chez mon père et de le contempler à mon aise à la chandelle. Le petit peloton se composait de quatre roitelets en vie, roulés ensemble, leurs têtes cachées sous leurs ailes et leurs pattes rentrées en dedans, de sorte que l'extérieur présentait l'aspect d'une boule de plumes d'un brun nuancé. J'ai acquis la conviction que c'est ainsi que ces oiseaux se garantissent du froid rigoureux de l'hiver. Peut-être me demanderez-vous si ma mémoire me sert bien dans cette circonstance. Je vous répondrai que oui ; car un des roitelets, se détachant de la boule, alla donner juste dans la chandelle auprès de laquelle mon père

lisait, ce qui m'a valu de sa main une de ces fusti-
gations qu'un enfant n'oublie de sa vie. »

Peu d'oiseaux ont autant excité la curiosité des
naturalistes que le coucou, et l'on a avancé à son
sujet des choses contradictoires. Le docteur Jenner
fut le premier à nous fournir des données certaines
sur l'histoire de cette classe d'animaux si extraordinaire dans ses mœurs et ses habitudes. Il est
admis maintenant comme un fait incontestable que
le jeune coucou expulse du nid qui lui a donné
l'hospitalité les occupants plus faibles qui en
étaient les possesseurs naturels. Cette opération
a lieu généralement le second jour après qu'il est
éclos ; ou bien, si le jeune intrus vient au monde
avant ses compagnons, il se met en devoir de se débarrasser des œufs. Il est arrivé parfois que le père
et la mère coucous se sont chargés eux - mêmes
de faire évacuer le terrain ; du moins un fait de
ce genre est venu à ma connaissance, et s'est passé
chez M. Newdegate, à Arbrery. Je le donne à mes
lecteurs, en garantissant son authenticité, qui a été
constatée par écrit au moment même où il a eu lieu.

« Au commencement de l'été de 1828, un

coucou déposa un œuf dans le nid d'une bergeronnette, après en avoir préalablement ôté ceux
de cet oiseau. Lorsqu'il fut éclos, le jeune intrus
fut nourri par ses père et mère adoptifs jusqu'à
ce qu'il devint trop grand pour son habitation,
et un beau jour il perdit l'équilibre et tomba par
terre. Il fut ramassé et mis dans une cage que l'on
plaça dans le voisinage du nid. Ici on s'attendait
à ce que les bergeronnettes vinssent lui apporter
sa nourriture, comme c'est leur habitude en pareille occasion ; mais les oiseaux qui l'avaient élevé
l'abandonnèrent entièrement, et ce fut un moineau
des bois ou verdier qui se chargea de ce soin ; il
s'en acquitta avec un zèle incroyable, lui apportant
la becquée à de courts intervalles depuis le matin
jusqu'au soir, jusqu'à ce qu'il eût toutes ses plumes
et qu'il fût en état de se pourvoir lui-même ; on lui
donna alors sa liberté, et on ne le revit plus. »

Le cri monotone de cet oiseau est très-connu ;
cependant il émet quelquefois, lorsqu'il vole en
ligne droite, un son qui ressemble à une cadence
délicate et prolongée sur la flûte. Son chant se fait
entendre dans les premiers jours de mai. Et à cette

époque ses courses, qui ont pour but l'envahisse-
ment de quelque nid étranger, paraissent être comprises par les bergeronnettes et autres oiseaux de
la famille des gobe-mouches, qui font dans les airs
une véritable émeute autour de lui. Je ne l'ai jamais
vu manger pendant le jour, ce qui ferait croire qu'il
recherche sa nourriture le soir ou le matin, quand
les phalènes sont sur le vol. On ne saurait douter
qu'il ne soit insectivore, puisqu'il dépose son œuf
dans le nid des oiseaux qui ne se nourrissent que
d'insectes. Il y a des naturalistes cependant qui
lui attribuent des goûts carnassiers, et qui disent
qu'il mange les petits oiseaux et dévore leurs œufs.
Le coucou pond probablement plus d'un œuf dans
la saison : car la nature a trop de soin de la conservation des espèces pour courir ainsi la chance
de les voir exterminer totalement. Le colonel
Montagne a ouvert un coucou qui avait quatre
œufs dans l'ovaire. Blumenbach dit que la femelle
pond six œufs dans le printemps, à différents intervalles. Elle a probablement la faculté de retarder
la ponte jusqu'à ce qu'elle trouve un nid qui lui
convienne ; elle met à contribution ceux des

linottes, des mésanges, des rouges-gorges, etc., et surtout des bergeronnettes.

Nous voudrions pouvoir rétablir la réputation du coucou, qu'on a voulu assimiler à l'autruche pour le manque d'affection maternelle. Quant à cette dernière, il est maintenant prouvé qu'elle ne quitte ses œufs que lorsque le soleil est dans toute sa force, et parce qu'alors la chaleur additionnelle de son corps leur serait préjudiciable. L'histoire naturelle du coucou n'est pas encore parfaitement connue ; mais l'instinct irrésistible des oiseaux est toujours guidé par des prévisions sages, quoique la raison nous en échappe quelquefois. M. Whete, dans son histoire naturelle de Selborne, nous raconte des faits singuliers d'oiseaux qui adoptent des positions bizarres; il parle entre autres choses de deux hirondelles, dont l'une avait bâti son nid dans le manche d'une paire de gros ciseaux de jardinier suspendue à un mur de hangar, dont l'autre avait établi le sien entre les ailes et la carcasse desséchée d'une chouette qu'on avait tuée quelque temps auparavant, et qui était suspendue à une poutre de grenier.

J'ai eu occasion il y a quelques années de faire visite à M. Egerton Bagot, du comté de Warwickshire. Quelle ne fut pas ma surprise de trouver sous le marteau de sa porte un nid d'hirondelle, et la mère occupée à couver ses œufs! Lorsqu'on ouvrait la porte, ce qui arrivait plusieurs fois par jour, l'oiseau quittait son nid pour quelques instants; mais il y retournait aussitôt après. J'ai appris depuis que les œufs purent éclore, et que les petits arrivèrent à bien. Ces exceptions tendraient à prouver que quelques oiseaux, loin d'être intimidés par la présence de l'homme, semblent au contraire réclamer ses soins et sa protection.

Le rouge-gorge a une note plaintive toute particulière lorsque ses petits sont menacés; je sais toujours la reconnaître, et ne l'entends jamais sans aller à son secours. Il est rare que je ne trouve pas quelque chat rôdant auprès du nid, et causant ce cri de détresse poussé par la mère.

Le rouge-gorge, plus que tout autre oiseau, varie dans la forme qu'il donne à son nid et dans les matériaux qu'il emploie; le tout est adapté à la position qu'il a choisie. Un rouge-gorge qui s'était installé sur une planche de ma serre entoura son nid d'une quantité de feuilles de chêne, tandis qu'un autre qui avait bâti le sien dans de la paille se servit de mousse et de crin. Les feuilles de chêne entrent souvent comme matériaux dans leurs constructions, et j'en fais mention ici plus particulièrement, parce que dans le charmant ouvrage intitulé *Architecture des oiseaux* on semble douter de ce fait ; du reste cette variété de choix, comme je l'ai dit plus haut, s'explique par l'instinct qui porte ces oiseaux, ainsi que d'autres, à assimiler la couleur et l'extérieur de leurs demeures aux objets environnants, afin de les soustraire plus efficacement à la vue. J'ai remarqué ce fait dans les nids de deux roitelets : j'en possède un trouvé dans de la litière, et qui y ressemblait tellement, qu'il aurait échappé à l'observation si les oiseaux eux-mêmes n'en avaient trahi l'existence. Lorsqu'un pinson construit son nid sur la branche d'un arbre quelconque, la mousse et les lichens dont l'extérieur est composé ressemblent à ceux qui se trouvent sur l'arbre même ; de sorte qu'il est difficile de l'en distinguer. Cette prévision instinctive de l'oiseau peut servir à expliquer au spirituel auteur de l'*Architecture des oiseaux*, pourquoi il ne se trouve pas deux nids de pinsons qui se ressemblent parmi les douze qu'il a dans sa collection.

On m'a apporté dernièrement un nid de bergeronnette à longue queue, trouvé sur la branche d'un ormeau. Il ressemble en tous points aux excroissances ou nœuds de l'arbre, et l'illusion est d'autant plus complète que le nid, de moindre dimension que ceux qui sont construits ailleurs dans des endroits plus retirés, est plus en proportion avec la branche à laquelle il tient ; il est petit et compacte, et les lichens qui l'entourent ne se distinguent en rien de l'écorce de l'ormeau : à tel point que, quoique la branche se trouvât dans un endroit découvert, le hasard seul le fit apercevoir.

Le nid du pigeon ramier, composé des matériaux les plus rudes, de quelques branches mortes, est admirablement imaginé pour échapper à l'observation. Combien de fois n'ai-je pas été témoin du vol vigoureux et rapide de cet oiseau, et n'ai-je pas entendu de près le bruit de ses ailes! Puis levant les yeux, j'ai cherché en vain son nid dans l'arbre qu'il venait de quitter. L'œil était trompé par de petits amas de feuilles et de branches mortes accumulées avec soin çà et là, et présentant à l'œil une ressemblance parfaite avec le nid de l'oiseau

La pie est encore un oiseau remarquable par sa ruse et son instinct. Son nid est fait avec une excessive précaution : elle le fortifie extérieurement avec des bûchettes flexibles et du mortier de terre gâchée, et elle le recouvre en entier d'une enveloppe à claire-voie de petites branches épineuses et bien entrelacées : elle n'y laisse d'ouverture que dans le côté le mieux défendu. Le fond du nid est moelleux. Elle a continuellement l'œil au guet sur ce qui se passe au dehors. Son intelligence et sa ruse sont si reconnues, qu'elle sait distinguer, assure-t-on, un homme armé d'un fusil d'avec un autre, et qu'elle prend alors instantanément la fuite. Son penchant au larcin est un fait avéré, et elle cache quelquefois avec tant de soin les objets soustraits, qu'il est difficile de les trouver.

Pour compenser tant de défauts, je dois dire qu'elle fait preuve dans quelques occasions d'une généreuse sympathie. Le trait suivant a eu pour témoin oculaire une personne digne de foi, qui me l'a raconté ; il mérite d'être cité. Un jour la personne en question, se promenant dans une prairie près de la ville de Worcester, vit une corneille, une pie et un geai engagés tous trois dans un combat à mort. Elle se mit à observer de près le champ de bataille, et elle fut à même de remarquer que la corneille avait résolu la mort du geai, et que la pie combattait magnanimement pour le défendre. Plusieurs rudes assauts avaient eu lieu avant qu'elle s'interposât dans la querelle, ce qu'elle ne fit qu'au moment où elle vit que le geai allait succomber dans la lutte, malgré la valeur déployée par la pie. Elle se décida donc à ne pas rester neutre dans l'affaire, et elle s'avança vers le lieu du combat. La bataille se poursuivait avec tant d'acharnement, qu'elle eût pu s'emparer des deux antagonistes avant qu'ils se fussent aperçus de sa présence. Le pauvre geai était gisant par terre, tout haletant des suites de l'attaque furieuse qu'il venait d'essuyer ; une de ses ailes avait été brisée par la corneille. On le donna à un paysan qui avait été aussi témoin de la scène, et qui promit de soigner le pauvre blessé. Pendant ce temps, nos deux athlètes s'étaient séparés, la pie vociférant comme une poissarde, et injuriant la corneille dans des termes dont il était facile de deviner le sens.

CHAPITRE V.

Nid des oiseaux

Une admirable Providence se fait remarquer dans les nids des oiseaux. On ne peut les contempler sans être attendri par cette bonté divine qui donne l'industrie au faible et la prévoyance à l'insouciant.

« Aussitôt, dit un élégant auteur de nos jours, que les arbres ont développé leurs fleurs, mille ouvriers commencent leurs travaux. Ceux-ci portent de longues pailles dans le trou d'un vieux mur, ceux-là maçonnent des bâtiments aux fenêtres d'une église, d'autres dérobent un crin à une cavale, ou le brin de laine que la brebis a laissé suspendu à la ronce. Il y a des bûcherons qui croisent des branches dans la cime d'un arbre ; il y a des filandières qui recueillent la soie sur un chardon. Mille palais s'élèvent, et chaque palais est un nid ; chaque nid voit des métamorphoses charmantes : un œuf brillant, ensuite un petit couvert de duvet. Ce nourrisson prend des plumes ; sa mère lui apprend à se soulever sur sa couche. Bientôt il va jusqu'à se percher sur le bord de son berceau, d'où il jette un premier coup d'œil sur la nature. Effrayé et ravi, il se précipite parmi ses frères, qui n'ont point encore vu ce spectacle ; mais rappelé par la voix de ses parents, il sort une seconde fois de sa couche, et ce jeune roi des airs, qui porte encore la couronne de l'enfance autour de sa tête, ose déjà contempler ce vaste ciel, la cime ondoyante des pins, et les abîmes de verdure au-dessous du chêne paternel. Et tandis que les forêts se réjouissent en recevant leur nouvel hôte, un vieil oiseau qui se sent abandonné de ses ailes,

vient s'abattre auprès d'un courant d'eau ; là , rési-
gné et solitaire , il attend tranquillement la mort
auprès du même fleuve où il chanta jadis , et dont
les arbres portent encore son nid et sa postérité
harmonieuse. »

Les positions choisies par les oiseaux pour leurs
nids et leur manière de les construire , sont aussi
remarquables que la variété des matériaux dont ils
se servent. Cette diversité a lieu même dans les
espèces chez lesquelles des mœurs et des besoins
identiques devraient, ce semble, inspirer une même
manière d'opérer. Les oiseaux qui font leurs nids
au commencement du printemps paraissent réclamer plus de chaleur et de protection pour leurs
petits. Le merle et la grive plâtrent l'intérieur de
leur demeure avec une terre glaise qui la rend
imperméable aux vents rigoureux qui règnent souvent dans cette saison. Le moineau commun con-
struira jusqu'à quatre ou cinq nids dans l'année,
tantôt sous un rebord de toit ou de gouttière , tantôt sur la branche touffue d'un pin , ou bien dans
la haie fourrée de nos jardins. Là il compose son
réduit de brins de paille ou de foin , ou de plumes

volées dans nos basses-cours. Le pigeon ramier et le geai élèvent leurs faibles constructions sur le sommet de quelques bois taillis, et leurs œufs se laissent même apercevoir à travers les rudes matériaux destinés à abriter la couvée naissante. Le chardonneret, l'Arachné de nos bosquets, tisse artistement son berceau, composé de mousses les plus fines, de duvet de chardon et de lichens empruntés à nos arbres fruitiers. Cette miniature d'oiseau, le roitelet à crête dorée, qui ne redoute point la sévérité de nos hivers, construit son joli nid le plus chaudement possible, quoique ses petits ne doivent éclore que dans la belle saison. Il tresse ensemble les menues branches de la mousse avec la toile de l'araignée, et il en forme un tissu compacte d'un pouce d'épaisseur, garni en dedans d'une telle profusion de plumes, que la mère disparaît lorsqu'elle est sur ses œufs, et que les petits semblent devoir étouffer sous leur lit de duvet et dans la chaleur de leur appartement. La gorge-blanche, la fauvette à tête noire et autres oiseaux qui achèvent leur couvée à la même époque, sont moins recherchés dans leurs demeures. Quel-

ques petits joncs et brins d'herbe grossièrement
entrelacés, parfois le luxe de quelques crins ou cheveux, suffisent à leurs goûts modestes. Le verdier
choisit les haies : son nid, souvent exposé à la vue,
est rudement travaillé, tandis que le pinson, installé
dans l'orme au-dessus de lui, essaye de se soustraire aux regards des curieux : la forme, la propreté, l'ensemble de son petit réduit, tout y est
parfait.

Les oiseaux choisissent comme position pour
leur nid, les uns un trou sous terre, d'autres une
crevasse de mur ou une fente d'arbre. Le bouvreuil
demande pour ses constructions les racines les
plus fixes. Le gobe-mouche gris, qui est plus re-
cherché encore, ramasse les toiles d'araignée.
Toute la famille des mésanges, sauf l'espèce ci-
dessus nommée, se relègue dans quelque trou
d'arbre ou de muraille, et ne se croyant pas là
encore assez abritée, elle le tapisse de plumes
et d'objets moelleux (1). Des exemples à l'infini

---

(1) Je ne connais pas d'oiseau qui excite plus ma pitié à cause des
fréquents désastres qui résultent de sa manière de bâtir ou plutôt de maçonner son nid, que le pauvre martinet. La grolle verra

viennent confirmer cette diversité dans les opérations des chansonniers de nos haies et de nos bosquets, et ne nous permettent pas de douter que ces variations, loin d'être superflues, tendent à un but utile et coordonné dans l'admirable économie de la création animale.

En résumé, considérons les oiseaux dans leurs rapports avec leur progéniture. Nous les voyons tous construire des nids, d'abord pour eux-mêmes, il est vrai ; mais les précautions de l'art qu'ils emploient dans l'établissement de leurs charmantes demeures sont spécialement en rapport avec les besoins de leurs petits. L'habileté des oiseaux dans ce genre

parfois son habitation précipitée de son site aérien, ou ses œufs ébranlés par la tempête ; mais le malheureux martinet, qui fait sa bicoque de terre sous le toit d'une grange, au coin d'une gouttière ou dans l'angle d'une fenêtre, essuie des catastrophes plus terribles encore. Les petits sont éclos vers le mois de juillet ou d'août ; mais un seul jour de vent et de pluie suffit pour humecter la terre dont le nid est composé ; le ciment cède, et la couvée entière se trouve jetée à bas. Il y a certains endroits de malheureuse prédilection pour ces pauvres oiseaux, auxquels ils reviennent tous les ans, quoique leurs nids soient annuellement emportés. Le père et la mère paraissent même pressentir le danger qui les menace ; car avant que l'accident ait lieu, on les voit voltiger autour de leurs nids et manifester la plus grande inquiétude.

de travail serait un inexplicable prodige si la théorie des causes finales n'en démontrait la nécessité. Ne trouvant pas dans les airs les abris que la terre offre aux animaux qui habitent sa surface, ils devaient construire leurs demeures de toutes pièces, et n'ayant pour cela d'autre instrument que leur bec, ils devaient être doués dans l'emploi de cet unique instrument d'une habileté merveilleuse. Quel art en effet présentent la plupart de ces nids, formés de plumes, de crins, de paille, de laine, entrelacés et tapissés de mousse ou de duvet, souvent reliés par un ciment que l'oiseau compose lui-même ! Pour exécuter quelque chose de pareil, il faudrait à l'homme toute son industrie, et des instruments dont la civilisation seule a pu armer ses mains.

Du reste, comme nous venons de le voir, une variété extrême règne dans la composition de ces nids. Celui de l'aigle est simple : quelques perches entrelacées et tapissées de bruyères ou de peaux de bêtes, sous quelque enfoncement de roc, suffit pour abriter, avec leurs parents, les aiglons, qui n'ont pas la délicatesse des petites races ;

et d'ailleurs l'aire de l'aigle doit servir de réceptacle au gibier et aux provisions nombreuses qu'il y apporte pour sa famille ; elle devait donc être vaste, parce qu'elle forme une habitation complète. L'hirondelle bâtit son nid sur nos édifices, et sans autre matière qu'un ciment qu'elle façonne et qu'elle détrempe avec l'eau dont elle mouille sa poitrine en passant sur la surface des mares ou des eaux courantes. Le chardonneret construit ordinairement dans les chardons, parce qu'il y trouve un rempart dans les épines et des vivres dans la semence, en même temps que des matériaux de construction. Les oiseaux qui font leurs nids dans les blés y mettent moins de façon, parce qu'ils sont protégés par les tiges qui les entourent. Enfin les gallinacés, et les oiseaux de basse-cour surtout, ne font pas de nid et n'en savent pas faire : c'est ce qu'aurait deviné l'homme par la simple connaissance et la destination de ces espèces. Ces oiseaux, qui ne sont pas livrés à leur indépendance, mais se trouvent placés sous les soins de l'homme, n'ont pas besoin de se créer un abri, puisque nous le leur donnons.

Suivons les petits oiseaux au sortir de l'œuf. Tous ceux qui proviennent de parents sauvages, et qui en reçoivent leur pâture, sont dans un état de faiblesse semblable à celui que nous présentent les mammifères, et l'homme même, durant les premiers jours de leur vie. Ils sont impuissants à quitter la demeure paternelle, parce qu'ils ne sauraient se pourvoir eux-mêmes; et parce qu'ils sont faibles et incapables de se procurer eux-mêmes des aliments, leur père ira pour eux à la chasse, et leur en procurera les produits, comme il convient pour leur jeune âge. Mais jetons un coup d'œil sur cette couvée de poulets qui vient de briser la coque qui lui servait de prison. A peine éclos, vous les voyez trotter légèrement et courir à la pâture; ils savent sur-le-champ gratter la terre, et y trouver les imperceptibles grains et les insectes qui sont de leur goût. Eh bien! ceux-là savent en naissant se tenir sur leurs pieds et courir même en gardant l'équilibre. Pourquoi cela, philosophes? Je vais vous le dire : il fallait que les poulets pussent marcher et courir en naissant, parce qu'il fallait qu'ils pussent eux-mêmes trouver leur nourriture. Quel intérêt nous offrent les petits de l'aigle, de la chouette, du corbeau? Ces races se propagent peu, et les oiseaux destructeurs surtout ne forment que de rares populations. Celles, au contraire, qui, comme tous nos oiseaux de basse-cour, procurent à l'homme de notables avantages, produisent beaucoup plus que les autres; et leurs mœurs, leurs facultés, leurs habitudes, sont mises en harmonie avec leur nombre. Partout on voit que le but précède, et que le moyen suit et s'y adapte; or tel est précisément le caractère d'une intelligence qui prévoit et dispose.

Les œufs des oiseaux de la même espèce, et quelquefois de la même couvée, varient souvent quant à la couleur, et il est parfois difficile de les classer lorsqu'ils sont ôtés du nid. Les œufs du moineau commun en offrent surtout un exemple. Ceux des oiseaux marins, et en particulier de la guillemotte (*colymbus troile*), se ressemblent si peu, qu'il faut de l'habitude pour les reconnaître. Le plumage des oiseaux n'a probablement jamais varié, et il est aujourd'hui ce qu'il a toujours été;

mais il est difficile de déterminer si les taches ou marques qui se trouvent sur les œufs ont quelque rapport avec les nuances de couleur des plumes de l'oiseau; les œufs d'un blanc pur produiront des oiseaux avec un plumage varié. L'œuf du moineau commun est bleu, tandis que celui du rouge-gorge, qui se nourrit comme lui, est d'un fond brun tacheté de blanc et de jaune. Le cormoran pond des œufs d'un vert pâle; ceux de l'oie de Soland sont blancs; tous les deux vivent de poisson. Les œufs de la grolle, de la pie et du vanneau, se ressemblent pour la couleur et la grosseur. Ceux du pigeon, du hibou et du martin-pêcheur sont blancs, et ceux du merle d'un vert bleuâtre. Les poules mêmes de nos basses-cours, qui ont une nourriture commune, produisent des œufs qui sont plus foncés les uns que les autres.

La coque de l'œuf paraît destinée à deux fins. Une portion de cette substance calcaire, composée de carbonate et de phosphate de chaux, doit se combiner avec le blanc de l'œuf et former pendant l'incubation les plumes et les os des petits qui doivent éclore; mais comme une grande portion de cette enveloppe calcaire reste encore après que les petits sont sortis de l'œuf, elle a dû servir jusqu'à cette époque à protéger intérieurement le merveilleux travail de la nature.

On ne saurait expliquer la variété qui se trouve dans le plumage des oiseaux de la même espèce. Pendant trois ans, j'ai remarqué dans le parc de Stampton-Court une grolle qui avait une aile blanche, et j'ai vu une autre fois un moineau presque entièrement blanc. On m'a montré, il y a quelques années, un couple de merles blancs sur la propriété d'un seigneur à Blackheatle, et ce qui prouve que cette circonstance n'était pas accidentelle, c'est que leurs petits avaient un plumage de la même couleur.

Il est un fait intéressant dans l'histoire naturelle, c'est qu'en ôtant un ou deux œufs du nid de quelques oiseaux, avant qu'ils aient complété le nombre voulu par la nature, ils continuent après à en pondre considérablement. On peut citer entre autres le vanneau (*tringa vanellus*), la huppe (*upupa*), le merle, l'alouette et la bergeronnette à longue queue. Cette dernière a produit jusqu'à trente œufs avant de commencer à couver, un de mes amis les ayant soustraits à chaque ponte. L'alouette pondra pendant un temps infini, jusqu'à ce qu'elle trouve dans son nid le nombre voulu, trois ou cinq œufs. Cette singularité est un de ces mystères dans la nature que nous ne saurions comprendre ; car ces oiseaux cessent de produire des œufs lorsque leur nombre est complété. Comment donc expliquer cette reproduction qui a lieu dans des cas que la nature ne saurait avoir prévus ? Cette faculté n'est point commune à nos volailles domestiques : la poule, ainsi que la dinde, couve aussi bien un seul œuf que plusieurs.

Les poules pondent quelquefois des œufs avec deux jaunes, et d'autres avec doubles coques : c'est un fait curieux, que le petit point ou tache sur la surface supérieure du jaune, et qui est le germe du futur poulet, étant plus léger que le côté qui lui est opposé, en quelque position que soit placé l'œuf, cette partie se trouve toujours immédiatement opposée au ventre de l'oiseau qui couve.

CHAPITRE VI.

J'ai eu occasion cet été de remarquer la sollicitude inquiète d'un rouge-gorge, qui, en retournant à son nid, l'a trouvé abandonné de ses petits ; ses plaintes furent incessantes. Il paraissait les chercher parmi les buissons voisins, et changeait parfois sa note de détresse en un petit cri d'appel pour sa couvée absente. Il tenait dans son bec le petit ver destiné à les nourrir ; mais voyant toutes ses recherches infructueuses, il le laissa tomber. Il y avait quelque chose de touchant dans cet incident. Notre poëte de la nature, Thomson, a célébré dans des vers de toute beauté un trait pareil d'un rossignol. Virgile nous fait une description semblable :

Telle sur un rameau, durant la nuit obscure,

Philomèle plaintive attendrit la nature,

Accuse en gémissant l'oiseleur inhumain,

Qui, glissant dans son nid une furtive main,

Ravit ces tendres fruits que l'amour fit éclore,

Et qu'un léger duvet ne couvrait pas encore.

VIRGILE, Géorg., liv. IV, trad. de Delille.

L'affection que les oiseaux témoignent à leurs petits est très-remarquable, et cette affection paraît être réciproque. Aussitôt que la mère retourne au nid, elle est accueillie par un cri d'amour et de plaisir. Chez les hirondelles surtout, ce sentiment paraît très-vif; lorsqu'au coucher du soleil la jeune couvée se ramasse sous l'aile maternelle, elle pousse de petits cris de satisfaction et de bonheur qui se prolongent très-tard dans la soirée.

La chaleur et la protection que reçoivent ces faibles créatures, de ceux à qui elles doivent l'existence, est une touchante image des sollicitudes maternelles de la Providence pour les êtres qu'elle a produits. « Il vous couvrira de son ombre, et vous vous reposerez sous ses ailes, » dit le psalmiste. Aussi l'Écriture sainte, dans cette métaphore à la fois si poétique et si consolante, apprend-elle au cœur affligé à trouver le repos et la paix dans ses traverses et ses afflictions. En contemplant l'oiseau de proie qui plane sur la couvée nouvellement éclose, et qui court se réfugier sous les ailes de la mère, je sens vivement qu'à l'heure du danger et de la tentation je peux m'élancer par la prière dans le sein du Père céleste et trouver là paix et protection. Que de leçons sublimes fournies par la nature à ceux qui comprennent et qui goûtent Dieu dans ses œuvres ! Revenons au sujet de ce chapitre.

Les oiseaux, et tous les animaux en général, surveillent leurs petits avec un soin jaloux. Ils les transportent d'un lieu à un autre lorsque leur sûreté peut être compromise, et ils négligent souvent leur propre conservation, afin d'assurer la leur. Cependant je n'hésite pas à accorder aux oiseaux, sur les quadrupèdes, la prééminence en affection paternelle. Ces derniers et toute la classe des mammifères s'occupent principalement de leurs petits lorsque leur lait leur devient à charge, et cette circonstance est encore une précaution bienfaisante de la nature envers les jeunes animaux abandonnés. Les oiseaux ne sont pas poussés par un semblable motif, et pourtant avec quelle constante assiduité ils s'occupent de pourvoir aux besoins de la jeune famille! Comme ils s'acquittent avec amour et affection de ces doux devoirs, jusqu'à s'oublier eux-mêmes pour elle! Une poule mangera à peine pendant le temps de sa couvée, et plus du tout dans les deux jours qui la terminent. Lorsque enfin ses œufs sont éclos, elle quitte le nid; mais c'est pour chercher la nourriture des petits; et quelque pressante que soit sa faim, elle ne touchera à rien qu'ils ne soient rassasiés. La pie, l'oiseau le plus vigilant pour sa propre sûreté, devient audacieuse lorsqu'il s'agit de ses petits ou qu'ils sont en danger. Les gardes-chasse qui veulent détruire les vieilles pies emploient une ruse bien connue parmi eux. Ils ôtent les jeunes oiseaux du nid et les font crier : les père et mère accourent tout de suite en entendant leur note de détresse, et l'on tire sur eux. Les geais et autres oiseaux de proie sont attirés par le même moyen, et deviennent aussi victimes de leur amour maternel. Chez les oiseaux, cette même affection est commune au mâle comme à la femelle, tandis que dans la classe des mammifères la femelle seule en est douée ; outre le soin de nourrir sa progéniture, elle a souvent à les défendre contre la férocité du mâle.

Un chat de mon voisinage, qui avait jeté des yeux de convoitise sur un nid de merle, grimpa pour mieux l'atteindre sur le haut d'une palissade : la mère à son approche vola au-devant de lui, et, dans son agitation, fit entendre les cris les plus douloureux de détresse et de désespoir. Le mâle, de son côté, montrait une inquiétude extrême, et élevant aussi la voix, il descendit à plusieurs reprises sur la palissade, juste en face du chat, qui ne put s'élancer vers sa proie, ayant peine à

se maintenir sur l'espace étroit qu'il occupait.
Enfin le merle se jeta sur lui, se percha sur
son dos, et de là lui administra des coups
de bec avec une telle violence, qu'il dégrin-
gola de la palissade, suivi par son ennemi, qui
réussit à lui faire évacuer le terrain. Dans une
autre occasion où la même scène se renouvela, le
merle fut une seconde fois victorieux, et notre
chat tellement intimidé, qu'il renonça tout de bon
à l'espoir d'emporter le nid d'assaut. Après chaque
bataille, le merle célébra sa victoire par un chant,
et plusieurs jours après il poursuivait autour du jardin le malheureux chat, lorsqu'il s'avisait de quitter la maison. Il est venu à ma connaissance que
deux merles ont suivi un enfant dans sa maison
même, en lui donnant, chemin faisant, des coups
de bec sur la tête, parce qu'il emportait avec lui
le nid contenant leurs petits. On ne réfléchit guère
sur la misère et l'anxiété que l'on cause aux
oiseaux, en les privant de la petite couvée qu'ils
ont élevée avec tant de soins et de tendresse. J'ai
lu quelque part ces lignes dans un ancien auteur :
« Le parent cruel qui encouragerait son enfant à

5

« dérober à un oiseau ses petits, mérite qu'on
« lui vole à lui son propre nid, et de rester sans
« enfants. »

On a beau emprisonner des oiseaux dans une
cage, les père et mère sauront toujours les y
retrouver pour leur prodiguer assidûment les soins
les plus tendres, qui se prolongeront même au delà
du temps ordinaire. De timides qu'ils étaient, ils
deviennent alors hardis et téméraires, et témoignent une grande anxiété lorsqu'on s'approche
de la cage. On trouve les traces de cette même
sensibilité chez tous les oiseaux, depuis l'aigle jusqu'au roitelet, et depuis le cygne jusqu'au moindre
des aquatiques. Dans cette dernière classe, la
poule d'eau fait preuve d'une prévoyance remarquable. On sait qu'elle construit son nid parmi les
joncs et assez près de l'eau, afin de mieux le soustraire à la vue. Lorsqu'il y a lieu de craindre une
inondation, elle en fait un second plus haut que
l'autre, et dans lequel elle transportera ses œufs
ou ses petits, si les circonstances l'y obligent. Ce
fait m'a été certifié par plusieurs personnes qui
en avaient été souvent témoins oculaires. J'ai quel-

quefois remarqué un second nid (mais plus exposé par sa position) à côté de celui où la blanche-gorge avait déposé ses œufs. Je n'ai jamais pu m'expliquer la raison de ces deux nids à moins que ce ne fût une petite ruse pour tromper l'œil.

Les oiseaux familiers avec l'homme choisissent parfois des situations singulières pour leurs petites constructions : j'en ai déjà cité quelques exemples, je ne saurais passer sous silence celui-ci. Un rouge-gorge commença à bâtir son nid dans un myrte en pot qui se trouvait dans le vestibule de la maison de campagne d'un de mes amis, dans le comté de Hampshire. On l'obligea de déguerpir. L'oiseau alors s'installa sur la corniche du salon, et ici il trouva la même opposition. Notre rouge-gorge, après cette seconde défaite, ne se tint pas pour battu, et commença imperturbablement son troisième nid dans un soulier neuf qui se trouvait sur un dressoir du cabinet de toilette de mon ami. Ici on le laissa faire jusqu'à ce que le nid fût complété ; mais on pouvait avoir besoin du soulier, et de plus il ne gagnait rien à devenir le berceau d'une couvée naissante. On ôta donc avec soin le nid, et on le déposa dans un autre soulier qui était vieux. Ici les oiseaux achevèrent leurs travaux en garnissant l'intérieur de feuilles de chêne : les œufs furent pondus, et dans le temps convenable se trouvèrent éclos. Mon ami me dit avoir éprouvé un vif plaisir à remarquer la confiance et la familiarité que les rouges-gorges lui témoignaient. Lorsqu'il se rasait le matin, les père et mère venaient souvent se percher sur le haut de sa glace, tenant entre leur bec le ver destiné au déjeuner de la petite famille, sans montrer aucune alarme de sa présence. Avant d'en finir avec les rouges-gorges, je dois ajouter que lorsqu'ils chantent tard dans l'automne, c'est par un motif de rivalité. Il y en a alors toujours deux qui s'efforcent à l'envi l'un de l'autre. Si l'un cesse ses notes, l'autre devient silencieux. J'ai aussi remarqué qu'ils entonnent leur chant au moment où ils se disposent à se battre, car cet oiseau est essentiellement belliqueux de sa nature. J'en ai vu deux qui, après s'être défiés au combat, l'ont engagé avec un tel acharnement, que j'aurais pu aisément les prendre tous deux au moment où ils roulèrent à mes

pieds dans l'allée du jardin. Après quelque temps,
l'un d'eux paraissait avoir le dessus, et aurait tué
son antagoniste si on ne les eût séparés. Les oiseaux combattent souvent jusqu'à ce que mort s'en-
suive. Quelques naturalistes ont assuré que la femelle du rouge-gorge chante, et je suis moi-même
de cette opinion, d'après des observations que j'ai
faites.

La poule est un modèle d'attachement maternel.
Lorsqu'elle se trouve avec une couvée de cane-
tons, avec quelle anxiété elle les voit s'en aller
à l'eau, où elle se hasardera souvent à les suivre !
Quiconque a vu surprendre une couvée de perdrix
par un chien de chasse, a été témoin de tout ce
que peut la force de ce même sentiment d'affection naturelle.

Les hirondelles, lorsqu'elles ont des petits,
mettent une grande persistance à la chasse des insectes, qu'elles happent au vol. Elles s'arrêtent
pour se reposer, et font entendre alors un doux
gazouillement. Lorsque leurs petits sont éclos, les
père et mère leur portent sans cesse à manger, et
ont grand soin d'entretenir la propreté de leur nid

jusqu'à ce que les petits, devenus plus forts, sachent s'arranger de manière à leur épargner cette peine. Mais ce qui est plus intéressant, c'est de voir les vieux donner aux jeunes les premières leçons pour voler, en les animant de la voix, leur présentant d'un peu loin la nourriture, et s'éloignant encore à mesure qu'ils s'avancent pour la recevoir, les poussant doucement, et non sans quelque inquiétude, hors du nid, jouant devant eux et avec eux dans l'air, et accompagnant leur action d'un gazouillement si expressif, qu'on croirait en entendre le sens.

L'hirondelle est souvent en guerre avec les moineaux, et dans ces occasions elle fait preuve d'une sagacité remarquable. Un couple de ces premières avait construit son nid dans l'encoignure de la fenêtre d'une maison inhabitée. Un beau jour, un moineau s'avisa d'en prendre possession, et l'on vit les pauvres hirondelles faire des efforts inouïs pour rentrer dans leur demeure, à laquelle elles restaient accrochées. Leur persévérance fut vaine, le moineau tint bon et ne voulut pas déguerpir. Les hirondelles, complétement épuisées, quit-

tèrent le terrain ; mais ce fut pour revenir ac-
compagnées de plusieurs autres de leurs compagnes, chacune apportant dans son bec un peu
de terre glaise, avec laquelle elles se mirent en
devoir de boucher l'ouverture du nid, et d'y ren-
fermer le moineau intrus, qui, livré à ses tristes
réflexions, finit par y mourir. Cette anecdote peut
paraître improbable à plus d'un lecteur : mais le
nid en question a été ôté de la fenêtre, et il fut
montré à plusieurs personnes avec le pauvre moineau défunt.

Kalm, dans ses voyages en Amérique, nous cite
un trait fort intéressant des hirondelles. « Deux
de ces oiseaux, dit-il, avaient construit leur nid
dans une écurie ; la femelle pondit ses œufs, et se
disposait à les couver, lorsqu'elle vint à mourir.
La personne qui les avait observés ôta l'oiseau
mort du nid, et elle vit alors le mâle voltiger continuellement autour de sa demeure, se posant sur
un objet voisin et jetant un cri plaintif. Enfin il
se décida à se mettre lui-même sur les œufs : mais
trouvant probablement cette occupation un peu
gênante, il partit un matin et revint dans l'après-

midi, suivi d'une autre compagne, qui se chargea
de couver les œufs et d'élever les petits. »

En examinant la tête d'une hirondelle vivante,
il est impossible de ne pas être frappé de l'air
d'intelligence et de vivacité qui la distingue d'une
manière toute particulière de tout autre oiseau.

CHAPITRE VII.

Prévoyance des animaux.

Un sujet intéressant à étudier dans l'histoire naturelle, ce sont les moyens adoptés par différents animaux pour nourrir leurs petits pendant les premiers temps de leur existence. L'instinct qu'une sage Providence a déposé en eux leur enseigne à faire choix alors d'une nourriture adaptée à la faiblesse de leur état et de leurs organes ; tout observateur de la nature a dû en être témoin en

maintes circonstances. La faisane mène sa couvée
nouvellement éclose dans les prairies où abondent
les fourmilières ; plus tard, lorsque leurs organes
digestifs acquièrent de la force, elle la conduit
dans les champs de blé. Beaucoup d'oiseaux nourrissent leurs petits, pendant les premiers jours qui
suivent leur sortie de l'œuf, de larves et d'insectes.
Lorsqu'ils se développent, ils y substituent des vers
de terre.

C'est une remarque générale parmi les gens de
la campagne, lorsque les haies sont couvertes de
baies d'aubépine et de houx, que l'hiver sera rude.
Cette observation est plus vraie, peut-être, qu'on ne
le pense, et nous démontre une prévoyance admirable. Que d'oiseaux périraient pendant une saison
sévère, si cette ressource ne leur eût pas été mé-
nagée ! De plus, quelques sources d'eau ne gèlent
jamais, de sorte que les oiseaux sont à même, au
milieu des plus rudes hivers, de trouver l'eau et la
nourriture. Le rouge-gorge, le merle, la grive,
avec les bécasses et les bécassines, accourent à
ces sources d'eau vive, où ils trouvent aussi les
vers et les insectes qui suffisent à leur existence

jusqu'à l'arrivée du beau temps. Lorsqu'une neige épaisse couvre la terre, beaucoup d'oiseaux se dirigent vers les forêts. Là, ils recherchent avidement, pour s'en régaler, les insectes enfouis dans les vieux arbres et le bois pourri. Les chevaux et les chevreuils grattent la neige avec leurs pieds pour déterrer l'herbe ; les lièvres et les lapins mangent l'écorce des arbres. Lorsqu'il gèle fortement, la mésange s'approche de nos habitations, en quête des restes de nos tables. Le verdier et le roitelet sont à la piste des insectes qui se trouvent dans le fond des haies, où la neige n'a pu atteindre. Le pigeon ramier se dirige vers les champs de navets, tandis que les moineaux, les bouvreuils, les pinsons et autres, s'assemblent près de nos granges et dans nos fermes, où ils ramassent des grains de toute espèce. La plupart des oiseaux trouvent donc des moyens d'existence pendant les hivers les plus rigoureux, tandis que plusieurs animaux restent alors dans un état de torpeur, attendant l'action vivifiante du soleil au printemps. Les insectes ne paraissent que légèrement affectés de la sévérité des saisons. On les voit reparaître aux premiers jours de beau temps qui suivent les plus grands froids des pays septentrionaux. Les abeilles résistent aux frimas de la Russie ; et dès qu'ils ont cédé à une température plus bienfaisante, elles se mettent à faire leur provision de miel.

Nous voyons donc que la condition des animaux pendant l'hiver, toute misérable qu'elle paraît à un observateur ordinaire, est beaucoup moins triste que nous ne l'imaginons. Les ressources les plus variées leur sont ménagées par le Père commun. L'homme seul cause les misères des créatures qui l'entourent, faute de réfléchir que ces mêmes créatures sont, comme lui, sous l'action immédiate de la Providence. Je ne saurais accorder mon estime à celui qui de gaieté de cœur écraserait le ver qu'il rencontre sur son chemin, ou la mouche qui bourdonne autour de lui. Les myriades infinies d'insectes qui existent partout sont nécessaires à l'existence de différentes espèces d'oiseaux. « Ceux-ci sont des agents importants dans l'économie générale de la nature. Ils détruisent d'innombrables insectes, et ceux qui s'acharnent sans réflexion à extirper les espèces qu'on se plaît

à appeler nuisibles, comme les moineaux, les corbeaux, etc., ont donné lieu, sans s'en douter, à une
multiplication très-préjudiciable de toute espèce
de vermine (1). »

Je me plais quelquefois à observer l'activité de
ces oiseaux qui se nourrissent de mouches. La
bergeronnette s'élance sur elles avec une extrême
rapidité, et lorsqu'elle est en course pour ses
petits, elle place chaque mouche, à mesure qu'elle
s'en empare, dans un coin de son bec ; là elle les
garde jusqu'à ce qu'elle en ait fait une ample provision. On s'attend à les voir tomber de son bec
chaque fois qu'elle l'ouvre pour engloutir une nouvelle proie ; mais cet accident n'a jamais lieu. J'ai
aussi remarqué qu'elle revient avec un butin bien
plus considérable, lorsqu'elle est chargée du soin
d'élever un jeune coucou. En retournant à son nid,
elle s'annonce par un petit cri d'amour maternel,
auquel la couvée répond en tenant le bec ouvert
pour recevoir la nourriture désirée. Le jeune
coucou, tout intrus qu'il est, comprend ces notes

(1) Blumenbach.

d'allégresse, et je l'ai vu maintes fois se préparer avec une extrême avidité à recevoir sa mère adoptive, longtemps avant qu'il eût pu l'apercevoir. L'hirondelle, dans ses chasses aériennes, ne me paraît pas suivre la même méthode en s'emparant des mouches, dont elle se nourrit comme la bergeronnette. On entend le petit bruit de son bec lorsqu'elle attrape un insecte, et on admire l'instinct qui la détourne, même dans son vol le plus rapide, de se saisir d'une guêpe ou d'une abeille. Les hirondelles sont infatigables à procurer la nourriture à leurs petits; mais si un accident quelconque fait tomber par terre le nid où ils sont déposés, les père et mère ne s'en occupent plus et les abandonnent à leur malheureux destin; probablement parce qu'étant eux-mêmes toujours au vol, et ne se posant presque jamais par terre, ils n'ont pas l'idée de les y chercher.

Il est curieux d'observer les mœurs de la famille des mésanges. Les père et mère, avec leurs petits qui sont nombreux, vivent ensemble depuis le temps où ils quittent leur nid jusqu'au printemps suivant. Leur cri perpétuel semble être une note de ralliement pour la petite famille dans leur passage à travers les bois et les feuillées, à la recherche des insectes. Leurs mouvements et leur vol sont très-rapides, et il y a dans tout ce qu'ils font une joyeuse vivacité, qui plaît infiniment.

Les corbeaux sont des oiseaux remarquables par leur sagacité et leur prévoyance. Je ne me lasse point d'étudier leurs mœurs.

Je dois avouer pourtant qu'ils ont souvent mis mes cerisiers à contribution ; ils les assiégeaient de grand matin et emportaient un butin considérable. Leur mets de prédilection est la larve du hanneton ; ils savent la découvrir par l'odorat, qui est exquis en eux. J'ai vu une prairie qui présentait l'aspect d'un champ brûlé par un soleil ardent, l'herbe fanée et desséchée ne tenait plus à la terre. En l'examinant de près, nous trouvâmes que les racines avaient été rongées par les larves du hanneton, qu'on a découvertes en quantité innombrable plus ou moins profondément enfouies sous terre. Les corbeaux s'étaient donné rendez-vous dans ce champ, où ils déterraient les larves et s'en régalaient avec avidité.

Une saison sèche est un temps de famine pour le pauvre corbeau. On le voit alors rôder partout, cherchant une nourriture précaire, tombant sur les sauterelles et les insectes qu'il peut dépister le long des haies. Si ce n'était le repas qu'il fait à l'aube du jour (car il est le plus matinal des animaux) aux dépens des petits vers qui se trouvent alors à la surface de la terre humide, cet oiseau serait parfois exposé à mourir de faim : et en effet plusieurs jeunes corbeaux périrent dans l'été de 1825, année remarquable par ses chaleurs et sa longue sécheresse. Les matinées furent sans rosée, et les vers ne sortaient pas de terre. Nous trouvions les petits de ces oiseaux morts sous les arbres. Les pères et mères étaient infatigables dans leurs courses à la poursuite des mouches, qu'ils prolongeaient souvent fort avant dans la soirée et au-delà de l'heure ordinaire à laquelle ils se retirent.

Dans ces cas extrêmes, le corbeau devient pillard, et s'attaque à nos champs de pommes de terre nouvellement semées ; parfois aussi pendant l'automne il ne résistera pas à l'appât d'une poire mûre ou d'une noix. Cependant c'est sans raison

que le fermier s'acharne à les exterminer, et que,
dans le dessein d'épouvanter les autres, il cloue
pour l'exemple contre la porte de sa grange un
criminel pris en flagrant délit. Il arrive bien, il est
vrai, à ces oiseaux de manger le grain ; mais leurs
dégâts en ce genre sont amplement contre-balan-
cés par le bien réel qu'ils font en détruisant les
insectes nuisibles qui s'attaquent aux récoltes.
De tous les scarabées dont ils se nourrissent, le
hanneton (*melolantha vulgaris*) est celui qu'ils
recherchent avec le plus d'avidité : aussi l'époque
à laquelle il paraît est-elle une saison prospère
pour toute la famille des corbeaux.

On les trouve partout dans nos pays septentrionaux, où ils vivent en communautés nombreuses.
Leur croassement continuel annonce leur présence
aux alentours de nos vieux châteaux.

Les corbeaux paraissent avoir un langage à
eux, et qui est compris par la race tout entière.
Une seule note de celui qui est posté en sentinelle
pour avertir la troupe que le danger est proche,
suffit pour leur faire prendre le vol immédiatement, et toujours dans une direction opposée à

celle où l'ennemi est signalé. Lorsqu'un des leurs vient à être tué ou blessé par un coup de fusil, ils manifestent une détresse et une sympathie qui a quelque chose de touchant. Loin d'être épouvantés par le bruit ou d'abandonner à son sort leur malheureux compagnon, ils planent dans l'air au-dessus de lui en faisant entendre des cris plaintifs, et se perchent de temps en temps sur les arbres voisins, comme pour s'enquérir de son malheur. S'il n'est que blessé et qu'il puisse encore se traîner et battre des ailes, quelques-uns volent un peu au-devant de lui, et par des cris incessants paraissent l'encourager à les suivre. J'en ai même vu, lorsqu'un corbeau ainsi blessé à mort a été ramassé par un de mes fermiers, faire un cercle dans l'air et venir toucher de près leur infortuné camarade, qu'ils semblaient vouloir délivrer dans la main même de son ennemi. Enfin, lorsque l'infortuné délinquant a été pendu ou cloué à la porte de quelque grange, ses amis continuent à le visiter, et semblent compatir à sa fatale destinée.

Mon attention fut souvent attirée par le chant matinal de quelques oiseaux. L'heure du réveil varie pour chacune de ces charmantes petites créatures. La grolle salue peut-être la première l'aube du jour ; mais cet oiseau paraît plutôt se reposer que sommeiller. Il est toujours vigilant : la moindre alarme met en émoi toute la communauté. Sa principale nourriture consiste dans des vers qui rampent sur le sol humide au crépuscule, et qui se retirent avant la lumière du jour ; la grolle, alors huchée sur le sommet des plus hauts arbres, aperçoit les premiers rayons du soleil sur l'horizon, et fond sur sa proie.

Le rouge-gorge, curieux et affairé, est aussi en mouvement à cette heure matinale. Il est le dernier à se retirer le soir, alors que la chouette et la chauve-souris parcourent les airs. Il paraît avoir peu besoin de repos : son œil vif et pénétrant semble organisé pour recevoir les plus faibles rayons de lumière. Les vers, son mets favori, échappent rarement à ses recherches. La douce mélodie du roitelet vient ensuite charmer l'oreille, au moment où il commence à se remuer dans son bocage de lierre, et lorsque le crépuscule cache encore à nos yeux le petit ménestrel. Le moineau, blotti dans son trou ou sous son toit de chaume, voit tardivement arriver le jour, et il ne se dérange que tard; cependant il a l'air de prêter attention à tout ce qui se passe, et nous le voyons allongeant sa tête de son auvent en surveillant curieusement le sol; et si quelque bonne aubaine se présente, il accourt tout de suite sans scrupule, sa familiarité instinctive le mettant à l'aise partout. Il disparaît de bonne heure le soir. Le merle quitte son réduit de feuilles dans un vieux frêne, et fait entendre une note sonore jusqu'à ce que, se posant sur le chêne voisin, il salue par un ramage mélodieux et continu l'arrivée de la lumière. L'alouette est dans les airs, le martinet gazouille dans sa maisonnette de terre; enfin tous les chansonniers se font entendre, et au milieu de ce concert universel il devient difficile d'établir la priorité des voix.

Le chant des oiseaux paraît un acte spontané, qui ne demande aucun effort de muscles et n'est accompagné d'aucune lassitude ou relâchement dans les organes de la voix. Dans certaines saisons le rossignol chantera et le jour et la nuit, sans

que pour cela la puissance des sons en soit affai-
blie, ou que les notes deviennent moins limpides.
La grive fait de même : mais son chant a cela
de particulier, qu'il n'est jamais régulier, chaque
individu faisant entendre un impromptu de sa
façon. Moins mélodieux que le merle, cet oiseau
a une variété de notes et une puissance de gosier
qui le distinguent parmi nos chansonniers. Le
coucou nous fatigue pendant les longues matinées du mois de mai par la monotonie persévérante de sa voix; et quoique d'autres oiseaux
soient tout aussi bruyants que lui, c'est le seul,
du moins en apparence, qui souffre de cette incessante répétition. Son cri se compose de peu de
notes, qui ne demandent aucun effort extraordinaire d'articulation; et cependant vers le milieu
et la fin de juin il s'affaiblit, devient rauque, et
finit par s'éteindre.

Les notes si variées des oiseaux ne paraissent
être comprises, à peu d'exceptions près, que par
l'espèce seule qui les a adoptées. Il en est une
pourtant, et une seule, à laquelle tous répondent
à l'instant : c'est celle qui indique le danger. Aus-

sitôt qu'elle se fait entendre. toute la troupe, de quelque nombre d'espèces qu'elle se compose. se sépare en répétant un petit cri sourd et plaintif, et court se cacher dans les buissons voisins. Le cri du pinson est reconnu par tous les petits oiseaux à l'entour comme annonçant la présence d'un chat ou d'une belette dans le voisinage. On en voit qui gagnent les arbres pour découvrir d'en haut la cause de l'alarme, tandis que le roitelet. caché dans les haies, assemble autour de lui ses voisins. qui, mettant en commun leurs craintes, semblent s'enquérir curieusement du danger qui les menace. Rapide comme l'éclair, l'hirondelle fend les airs. et par un cri aigu annonce à toutes les hirondelles du village qu'un émérillon est proche. La tribu nombreuse des moineaux. des pinsons, des chardonnerets, comprend la note d'alarme et s'empresse de son côté à fuir le péril qui la menace.

Les oiseaux font le charme de la belle saison : ils sont comme identifiés avec le printemps, et pendant tout l'été ces charmants petits êtres nous récréent par leurs chants joyeux, leur activité

continuelle, leur instinct surprenant. En hiver, au
contraire, le silence règne dans nos bosquets;
tout au plus une note solitaire et triste, ou un petit
cri affamé, nous révèle la présence de quelques-
uns, qui viennent quêter auprès de nos champs,
de nos fermes et de nos habitations, une part dans
notre hospitalité.

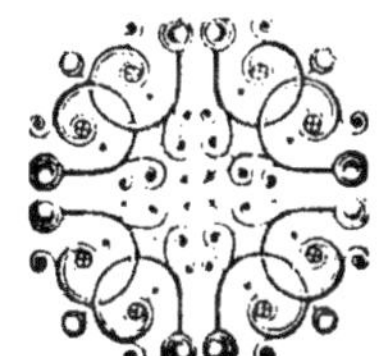

CHAPITRE VIII.

Dieu a voulu que l'air eût sa population, comme
la terre solide à la sienne. Il n'a pas voulu que
ces hôtes de l'atmosphère fussent en dehors des
règles de l'organisation générale des animaux ; ce
sont donc des corps pesants qui ne sauraient se
soutenir dans l'air habituellement et sans effort.
Mais ils ont dû pouvoir le traverser facilement et

rapidement, pour se porter de l'une à l'autre des cimes qu'ils habitent.

Il leur fallait, pour opérer leur transport, un organe à la fois léger et puissant. Cet organe devait offrir une grande surface pour frapper un large faisceau de colonnes d'air dont la résistance pût équilibrer l'effet de la pesanteur. Il devait se composer de parties fort légères, quoique d'une grande solidité ; ces parties devaient donc être creuses et minces, ou remplies d'une moelle spongieuse, recouverte d'une enveloppe fibreuse, mince, et très-résistante.

Il leur fallait des muscles pectoraux d'une grande puissance pour mettre en action l'organe du transport ; car, pour aider leur pesanteur, les ailes doivent frapper avec vigueur la masse qui présente peu de résistance.

Il fallait que le corps n'offrit en avant que peu de surface, pour n'éprouver, dans le sens du transport, qu'une très-petite résistance de la part de l'air, tandis qu'il en présente une très-grande dans le sens de la chute verticale, puisque c'est dans ce sens-là que l'air doit résister. Donc il fallait

6

que la face et la tête de l'oiseau fussent d'un petit volume ; il était utile que la tête eût la forme d'un éperon qui fendît l'air; il fallait que les ailes et la queue fussent, pendant le vol, placées de telle sorte, qu'elles offrissent à l'air leur moindre épaisseur, ou ce qu'on peut appeler leur tranchant.

A ceux qui sont destinés au séjour des plus hautes régions, il fallait une plus grande légèreté relative; il leur fallait donc, d'une part, des ailes plus développées, de l'autre des os plus minces, plus creux et plus vides, une capacité pulmonaire plus grande.

Dépourvus d'un appareil dentaire propre à diviser les aliments, obligés de transmettre à l'estomac une nourriture qui n'a encore subi aucun travail, ils devaient être doués d'une puissance digestive supérieure à la règle commune.

Destinés à ne poser que rarement leur pied sur terre, et à le fixer habituellement sur des branches d'arbre ou sur d'autres surfaces étroites et de formes inégales, ils devaient avoir un pied fort différent de celui des animaux terrestres. Ce pied devait être dépourvu de plante, mais composé de doigts longs et flexibles, mobiles seulement dans le sens nécessaire pour saisir les corps placés en dessous. Et si les différentes espèces devaient avoir des habitations différentes, ce pied devait être modifié selon la nature de ses appuis.

Or tout ce qui devait être, c'est là précisément ce qui est, et avec cela beaucoup d'autres choses encore.

Examinons, par exemple, les divers organes des sens; quelques-uns sont peu développés, parce que le besoin en est faible: d'autres, au contraire, sont doués d'une rare perfection, parce qu'ainsi l'exige la vie de l'animal.

Le goût est fort peu développé, et chez beaucoup d'espèces il est à peu près nul. Cela tient à ce que les oiseaux ne mâchent pas leur nourriture, qui passe dans l'appareil digestif sans séjourner dans la bouche; les fonctions du goût n'auraient que peu ou point d'occasions de s'exercer.

Le toucher paraît un sens assez faible, et l'on ne voit en effet aucune raison qui exige en lui une certaine perfection ; peut-être cependant jugeons-nous mal de ce qui existe sous ce rapport.

L'odorat n'est aussi qu'en sous-ordre chez la plupart des oiseaux, et l'on reconnaît que ce sens leur est assez inutile. On suppose néanmoins aux corbeaux et aux vautours une délicatesse d'odorat qui serait particulière à ces deux espèces; en admettant cette donnée on en trouverait aisément la raison. Ces races, qui se nourrissent de cadavres, devaient être averties par l'odorat de la présence de cette sorte de pâture.

Mais la perfection du sens de la vue est vraiment merveilleuse chez les habitants de l'air; ils ont le regard infiniment plus prompt et plus perçant que les autres animaux, et les effets qu'on en raconte sont merveilleux. L'aigle, qui vit dans la région des nuages, reconnaît de loin les animaux qui rampent sur la terre, et dont il fait sa pâture. Élevé de plus d'une lieue, le milan se précipite sur un lézard ou un mulot que son œil a aperçu de cette énorme distance. Le moineau même aperçoit, du haut d'un édifice ou d'un arbre, le grain de millet ou la miette de pain qui repose dans la poussière et se confond presque avec elle ; il poursuit dans les airs un moucheron avec une espèce de certitude de l'atteindre. Voyez la poule d'Inde au milieu de ses petits, regardant le ciel et jetant un cri d'effroi ; ses enfants aussitôt s'arrêtent et se tapissent sous l'herbe, ou contrefont les morts. Vous regardez à votre tour ce qui peut faire l'objet de son effroi, et bien du temps se passe avant que vous aperceviez sous la nue un point obscur et vague, dans lequel vous ne distinguerez qu'assez tard un oiseau de proie. La poule l'avait aperçu bien avant que votre regard pût soupçonner sa présence.

L'œil des oiseaux est construit de manière à changer de forme avec beaucoup d'aisance, et à leur faciliter deux opérations qui semblent tout opposées, celles de voir de très-près et de très-loin. En général les oiseaux se servent de leur bec pour se procurer la nourriture qui leur est nécessaire. Or la distance entre l'œil et la pointe du bec est si petite, qu'ils doivent avoir la faculté de discerner les objets de très-près. D'un autre côté, appelés à vivre dans l'air libre, et à le traverser avec une grande vitesse, ils ont besoin, afin de pourvoir à leur défense aussi bien qu'à leur nourriture, de la faculté de voir à de grandes distances. La puissance de cet organe suppose dans la rétine une sensibilité extrême; mais cette qualité et la vive lumière à laquelle l'œil des grandes espèces est exposé dans les hautes régions qu'elles habitent, exigeaient de la part de la nature quelques précautions conservatrices. Tel est le but de la paupière interne demi-diaphane dont est pourvu l'œil de ces oiseaux; c'est par son moyen que l'aigle peut contempler fixement le soleil, dont l'éclat s'éteint en partie en traversant ce rideau.

Que les oiseaux de proie voient distinctement les objets d'extrêmement loin, c'est ce que paraissent prouver les observations suivantes. En l'année 1778, plusieurs personnes réunies pour une partie de chasse dans l'île de Cussimbussar, au Bengale, tuèrent un sanglier d'une grosseur extraordinaire, qu'ils laissèrent à terre près de leur tente. Environ une heure après l'avoir tué, ils se promenaient à peu de distance de la place où était l'animal. Le ciel était parfaitement clair, on n'y voyait aucun nuage. Une tache obscure qui paraissait au loin fixa leur attention ; elle croissait imperceptiblement et s'avançait droit à eux. Quand elle se fut approchée, ils reconnurent que c'était un vautour qui volait à tire-d'aile et en droite ligne vers l'animal mort. Il se posa enfin sur le corps, et assouvit sa faim vorace. En moins d'une heure soixante-dix autres vautours arrivèrent de tous les points du ciel, quelques-uns de l'horizon, le plus grand nombre des régions supérieures, où, quelques minutes auparavant, on ne pouvait rien apercevoir.

Transportons-nous dans la Syrie ; la situation d'Alep, qui fait qu'on la distingue au loin, y amène une multitude d'oiseaux et offre aux curieux un amusement assez singulier. Si vous allez après dîner sur les terrasses qui recouvrent les maisons, et que vous fassiez le geste de jeter du pain, aussitôt des troupes nombreuses d'oiseaux vous entourent, quoique l'instant d'auparavant vous n'en pussiez découvrir aucun. Les oiseaux planent habituellement au haut des airs, et se précipitent en un moment pour saisir, en volant, les morceaux de pain que les habitants s'amusent à leur jeter. Souvent, aux environs d'Alep, on voit fondre les oiseaux de proie sur le gibier récemment tué, sans qu'il ait eu le temps de se corrompre ; ce qui conduit à penser que la vue de ces oiseaux est singulièrement perçante. C'est au reste ce qu'indique suffisamment la disposition extérieure de leur œil, dont la cornée est presque plate, forme mathématique qui a la propriété d'étendre la portée de la vue.

CHAPITRE IX.

—◦—

C'est une loi invariable dans la création, comme
nous l'avons déjà remarqué, que chaque animal
se trouve pourvu d'organes en rapport avec ses
moyens de conservation et avec le genre de nourriture qui lui est propre. Le bec-croisé (*loxia cur-
virostra*) nous en fournit un exemple remarquable
dans la curieuse conformation de son bec. Le doc-

6*

teur Townson (1) a observé que les becs de quelques oiseaux sont si irréguliers dans leur forme, et dans des proportions tellement démesurées, qu'au premier abord on serait tenté de supposer que la nature s'est jouée d'eux, et qu'au lieu de leur accorder un organe utile pour leur conservation et leur défense, elle ne leur a laissé, par dérision, qu'une protubérance incommode et disgracieuse. Cependant il suffit d'examiner attentivement la structure des différentes parties qui composent l'organisation animale, pour se rendre raison de ces irrégularités apparentes, et pour se convaincre qu'elles sont merveilleusement adaptées aux fonctions diverses auxquelles elles doivent concourir. Le bec de l'oiseau en question est unique dans son genre, comme le remarque le docteur Townson; car les deux mandibules, au lieu d'être posées horizontalement l'une sur l'autre, passent, dans presque toute leur longueur, à côté l'une de l'autre, comme deux lames de ci seaux.

(1) Voyez ses Observations sur l'histoire naturelle.

Cette singulière construction suppose une destination particulière, non pas celle qu'on lui a attribuée à tort, de servir à couper de petites branches d'arbre, mais bien pour trouver la nourriture que ces oiseaux recherchent. Les grandes forêts de sapins de l'Allemagne font le séjour habituel des becs-croisés, et la conformation de leur bec les aide à extraire les graines qui se trouvent entre les écailles solides des cônes de pin qui abondent dans ces lieux. Voici comment ils opèrent. Ils commencent par se percher en travers sur le cône, puis ils ramènent les deux mandibules de leur bec au-dessus l'une de l'autre, et cet organe, se trouvant alors plus rétréci, s'insinue facilement entre les écailles. Ils ouvrent alors leur bec, non de la manière ordinaire, mais en écartant latéralement la mandibule supérieure, afin de briser les écailles. Cela fait, la pointe des mandibules se recroise l'une sur l'autre, pour ramasser les graines qui se trouvent alors détachées.

Le chardonneret, au contraire, a le bec extrêmement fin et pointu, afin de pénétrer dans les têtes des chardons et autres plantes, pour s'emparer des graines. Quoi de mieux conçu que le bec des bécasses et des bécassines, pour s'insinuer dans la mousse et les terres molles, où elles trouvent leur nourriture? Et la mandibule supérieure de l'aigle, des éperviers et de toute la tribu des oiseaux rapaces, dont la forme crochue est destinée à déchirer une proie? Les becs des oiseaux qui vivent de mouches et d'insectes, ou qui fréquentent les boues marécageuses, sont parfaitement appropriés à leur genre de vie. Cela se remarque surtout dans la classe des canards. Blumenbach prétend que ces oiseaux possèdent véritablement l'organe du goût, et qu'il réside dans la peau molle que recouvre leurs becs garnis de très-forts nerfs cutanés, dont la sensibilité est très-grande. Aussi voyons-nous les canards, lorsqu'ils cherchent leur nourriture dans les bourbiers, se servir de leur bec comme d'une sonde, alors qu'ils ne peuvent être guidés ni par la vue ni par l'odorat.

Les merles, qui se nourrissent de limaçons, font preuve d'un instinct remarquable pour briser ces coquillages. J'ai eu souvent occasion de remarquer des débris de ces derniers entre deux pierres saillantes, dans une allée du jardin. Enfin j'ai aperçu un merle tenant entre son bec un limaçon, qu'il déposa dans le creux formé par les deux pierres, et sur lequel il frappa du bec jusqu'à ce qu'il l'eût cassé; il se régala ensuite de la chair du limaçon. La sagacité de cet oiseau lui suggéra cet expédient, qui trouvait un point d'appui pour le coquillage, qu'il ne serait jamais parvenu à briser sans cela.

Lorsque le vanneau cherche sa nourriture, il choisit le lieu où il aperçoit des signes évidents de la présence du lombric ou ver de terre, et frappe le sol avec ses pattes, à peu près comme je l'ai vu faire à des enfants qui voulaient se procurer des vers pour la pêche. L'oiseau continue ce mouvement durant quelque temps, et attend avec patience que le ver, effrayé par l'ébranlement de la terre autour de lui, sorte de son trou, pour s'en emparer au même instant. Le vanneau fréquente aussi les lieux où les taupes font leurs trous, parce que ces animaux, qui dans leurs courses souterraines sont toujours à la piste des lombrics, les forcent à revenir à la surface de la terre, où ils deviennent la proie facile du rusé vanneau.

Dans le cours de mes études et de mes observations en histoire naturelle, je n'ai jamais perdu de vue ce principe invariable, que tout être se trouve créé dans les conditions les plus convenables pour la position qu'il doit occuper, et de la manière la mieux adaptée à ses habitudes et à ses besoins; enfin, que dans ce qui nous paraît souvent superflu ou nuisible, on découvre un but utile, sans que pour cela les moyens de l'atteindre soient toujours faciles à reconnaître de prime abord. Dans cette conviction, j'ai cherché depuis quelque temps à m'expliquer l'utilité de l'ongle postérieur et démesurément long de l'alouette, qui ne lui sert ni pour gratter la terre, où elle ne cherche pas sa nourriture, ni pour se tenir sur les arbres, où elle ne juche point (1). Un peu d'observation a suffi

(1) La Providence a merveilleusement arrangé toutes choses pour le bien-être de ses créatures. Lorsqu'un oiseau est juché, cette position, d'après la formation particulière des muscles des cuisses et des pattes, contracte les griffes de manière à leur don-

pour m'éclairer à cet égard. L'alouette fait son nid ordinairement dans les prairies, où il est exposé à être foulé aux pieds par les bestiaux ou à périr par la faux des moissonneurs. En cas d'alarme, ces oiseaux emportent leurs œufs dans un endroit plus retiré, et c'est au moyen de cet ongle allongé qu'ils viennent à bout de les transporter sûrement. L'œuf de l'alouette est très-grand, par rapport au corps de cet oiseau ; mais si elle le place entre ses pattes, on verra que les ongles, en se refermant, le couvrent tout entier. Ce fait intéressant dans l'histoire de l'alouette m'a été confirmé par plusieurs personnes qui en avaient été témoins.

Peu d'oiseaux montrent autant d'attachement qu'elle pour sa jeune couvée. Un de mes moissonneurs trouva un jour sous sa faux un nid d'alouette, contenant plusieurs petits nouvellement éclos. Selon mon désir, il les respecta, et se contenta de les observer attentivement. Il vit le mâle et la femelle, à différentes reprises, venir transporter les petits

---

ner une forte prise sur la perche ou l'arbre sur lequel il est posé. Sans cette disposition, l'oiseau serait à chaque coup de vent en danger d'être précipité à terre pendant son repos.

dans leurs pattes en lieu de sûreté. La même chose a été observée par un de mes amis, à qui je dois la connaissance de plusieurs faits curieux d'histoire naturelle ; mais dans cette occasion il y eut un incident tragique. Le père ou la mère qui emportait un petit dans ses pattes, les forces lui manquant en route, le laissa tomber d'une hauteur d'environ trente pieds. Le cri perçant que les oiseaux firent entendre attira l'attention de mon ami. Le petit n'avait que huit à neuf jours, et fut tué par la chute.

Combien de fois ai-je voulu suivre de l'œil cet intéressant oiseau, lorsque, s'élevant verticalement vers le ciel, il faisait entendre son chant mélodieux et continu ! Rien alors ne semble le distraire, si ce n'est la voix de sa compagne ; et alors il descend rapidement des hauteurs aériennes, et rasant la terre de près, il parcourt dans son entier le champ où est déposée la jeune couvée, et auprès de laquelle il ne se pose qu'à quelque distance pour ne pas appeler les regards sur elle. Sans cette manœuvre son nid deviendrait aisément la proie de tous les petits maraudeurs des environs. L'alouette

a toujours été mon oiseau de prédilection, et malgré tout ce que les poëtes ont redit du rossignol,
on l'écoute peut-être avec plus de plaisir pendant
son vol joyeux, qu'aucun autre chantre de nos
bosquets. Elle est du petit nombre des oiseaux qui
chantent en volant ; plus elle s'élève, plus elle
renforce sa voix, et souvent à tel point, que,
quoiqu'elle se soutienne au haut des airs à perte
de vue, on l'entend encore distinctement.

Le poëte Ronsard a plaisamment imaginé, selon
le goût naïf de son siècle, de faire passer dans
ses vers une imitation des sons que fait entendre
l'alouette dans son ascension aérienne :

> Elle guindée du zéphyre
> Semblable à lui, vire et revire
> Et y déclique un joli cri
>   Qui rit
>   Guérit
>   Et tire l'ire
> Des esprits mieux que je n'écris.

L'alouette chante rarement à terre, où elle
se pose néanmoins lorsqu'elle ne vole point ;

aussi ceux qui la tiennent en cage ont-ils soin d'y mettre une couche épaisse de sablon où elle puisse se poudrer à son aise, et de n'y pas laisser de bâtons en travers : car la conformation toute particulière de l'ongle postérieur l'empêche de s'y accrocher ; c'est à cause de cela probablement qu'elle ne perche pas sur les arbres.

CHAPITRE X.

Migration des oiseaux.

Rien de plus remarquable dans les mœurs des oiseaux que cet instinct qui porte plusieurs d'entre eux à changer de climat suivant les saisons, pour revenir ensuite aux mêmes endroits qu'ils avaient quittés, après avoir visité dans l'intervalle des régions lointaines et inconnues pour eux.

Quelques espèces émigrent ainsi pour fuir le froid, ou pour chercher une température moins élevée, et vont dans le midi ou dans le nord pour pondre ou pour y passer le temps de la mue; les insectivores vont à la recherche d'une nourriture plus abondante: mais il est des oiseaux pour lesquels les voyages périodiques n'indiquent aucune cause apparente. Ils semblent poussés par un instinct aveugle, qui se développe quelquefois indépendamment de tout ce qui peut influer dans le moment sur le bien-être de l'animal. Ainsi, dans des expériences faites sur quelques oiseaux voyageurs de nos pays, on a vu ce besoin se manifester avec force à l'époque ordinaire, bien qu'on eût pris soin de maintenir autour de ces animaux une température constante, de leur donner une nourriture convenable, et qu'on eût eu la précaution de choisir de jeunes individus qui n'avaient pas encore pu contracter l'habitude des migrations.

Lorsqu'ils changent de climat, ils n'attendent pas pour partir que le froid leur soit devenu insupportable, et ils ne sont pas repoussés peu à peu vers le midi par les empiétements de l'hiver; mais ils les précèdent et se transportent tout de suite et presque tout d'un trait dans les régions tropicales. Souvent on les voit revenir au printemps, lorsque la température est encore au-dessous de ce qu'elle était au moment de leur départ ; et pour certaines espèces, nous le répétons, les migrations ne coïncident avec aucune circonstance extérieure appréciable. Ce phénomène est par conséquent inexplicable, comme du reste beaucoup de ceux que détermine l'instinct.

Mais de ce que la cause des migrations est inconnue pour nous, il n'en faut pas conclure que les circonstances extérieures n'influent en rien sur le développement de ce besoin chez les oiseaux voyageurs. On remarque, en général, que ce phénomène coïncide avec des variations atmosphériques, et que le moment de l'arrivée et du départ est souvent avancé ou retardé, suivant que la saison froide se prolonge ou s'abrége. Leur course sera aussi accélérée ou ralentie par la direction du vent. Quoiqu'il nous arrive rarement de voir ces oiseaux dans leur passage, parce qu'ils voyagent beaucoup la nuit, cependant j'ai souvent remarqué, dans le calme d'une belle soirée de novembre, la roselle ou grive rouge et la grive du genévrier voyageant haut dans les airs, et guidées dans leur course par celles d'entre elles qui servaient de chefs ou conducteurs, et dont j'entendais les cris de ralliement jetés à la troupe éparse. Ces avant-gardes sont probablement composées de vieux oiseaux qui connaissent les pays qu'ils traversent, et qui reviennent trouver des lieux favoris.

L'époque à laquelle ces oiseaux voyageurs arrivent dans nos pays, ou les quittent, varie suivant les espèces; ceux qui sont originaires des régions les plus septentrionales de l'Europe, nous viennent à la fin de l'automne ou au commencement de l'hiver, et dès les premiers beaux jours, fuyant la chaleur comme ils avaient fui l'excès du froid, retournent vers le nord pour y faire leur ponte. D'autres oiseaux qui naissent toujours dans nos contrées, et qui doivent par conséquent être considérés comme essentiellement indigènes, nous quittent en automne, et, après avoir passé l'hiver dans les climats chauds, reparaissent parmi nous au printemps, ou bien, évitant au contraire la chaleur modérée de notre été, émigrent alors vers les régions arctiques. Enfin on en voit qui ne séjournent jamais dans nos contrées, et qui, dans leurs migrations annuelles, ne font qu'y passer. L'époque de l'arrivée et du départ de ces voyageurs est, en général, déterminée d'une manière très-précise pour chaque espèce, et les chasseurs peuvent compter sur l'arrivée de tels ou tels oiseaux comme sur une rente dont les termes écherraient à jour fixe. Ordinairement les jeunes oiseaux ne se mettent en route que quelque temps après les adultes. Les oiseleurs remarquent que chez quelques espèces, tels que le rossignol, la fauvette et autres, les mâles précèdent les femelles de quelques semaines.

Certains oiseaux effectuent leurs migrations isolément, ou réunis seulement par paires; mais dans l'immense majorité des cas, ils se rassemblent en troupes plus ou moins nombreuses, et voyagent de conserve. On les voit alors prendre tous leur essor au même instant et se suivre dans un ordre déterminé. Souvent ils paraissent se laisser guider par des chefs, et les espaces qu'ils parcourent sont très-considérables. Ce charmant petit oiseau, le roitelet commun (*motacilla regulus*), lorsqu'il séjourne parmi nous, passe sa vie à voltiger d'un arbre à l'autre, sans songer à étendre plus loin ses courses aériennes. Arrive l'époque de la migration, notre aventurier franchira sans crainte des espaces considérables, tel que celui qui sépare les îles Orkney des îles Shetland, au-dessus des mers orageuses, et où il lui sera impossible de se reposer dans son long trajet.

Chaque année, des légions innombrables d'oiseaux traversent la Méditerranée pour passer d'Europe en Afrique, ou pour suivre la route inverse: nos hirondelles, par exemple, hivernent au Sénégal et se répandent pendant l'été dans la Hollande et le nord de l'Europe. Ces petits oiseaux, par un instinct que nous ne pouvons comprendre, savent au printemps suivant retrouver les lieux où ils ont déjà niché et y reviennent toujours. On s'est assuré de ce fait curieux en attachant à la patte de plusieurs hirondelles de petits brins de soie pour constater leur identité. Elles construisent leur premier nid dans le voisinage de celui où elles sont nées; l'hirondelle de cheminée bâtit chaque année le sien au-dessus de

celui de l'année précédente, et l'hirondelle de fenêtre s'établit dans celui qu'elle avait quitté à l'automne. Spallanzani a vu, pendant dix-huit années
consécutives, les mêmes couples revenir à leurs
anciens nids sans presque s'occuper de les réparer.
Les hirondelles montrent aussi dans d'autres occasions la singulière faculté de se diriger vers un
lieu déterminé, dont elles sont séparées par une
distance considérable; si l'on transporte au loin
une couveuse renfermée dans une cage et qu'on
lui donne sa liberté, elle s'élève d'abord très-haut
comme pour examiner le pays, puis se dirige en
ligne droite vers l'endroit où elle a laissé sa couvée. Spallanzani a répété avec succès cette expérience à diverses reprises, et a vu un couple d'hirondelles de rivière, qu'il avait transporté à Milan,
se rendre en treize minutes auprès de ses petits
laissés à Pavie.

On connaît ces vers charmants de Racine le fils
sur les migrations des oiseaux :

> Ceux qui, de nos hivers redoutant le courroux,
> Vont se réfugier dans les climats plus doux,

Ne laisseront jamais la saison rigoureuse

Surprendre parmi nous leur troupe paresseuse.

Dans un sage conseil par les chefs assemblé,

Du départ général le grand jour est réglé ;

Il arrive ; tout part : le plus jeune peut-être

Demande , en regardant les lieux qui l'ont vu naître ,

Quand viendra le printemps par qui tant d'exilés

Dans les champs paternels se verront rappelés.

« Nous avons vu , dit M. de Châteaubriand, quelques infortunés à qui ce dernier trait faisait venir les larmes aux yeux. Il n'en est pas des exils que la nature prescrit, comme des exils commandés par les hommes. L'oiseau n'est banni un moment que pour son bonheur; il part avec ses voisins, avec son père et sa mère, avec ses sœurs et frères; il ne laisse rien après lui ; il emporte tout son cœur. La solitude lui a préparé le vivre et le couvert; les bois ne sont point armés contre lui; il retourne enfin mourir aux bords qui l'ont vu naître; il y retrouve le fleuve, l'arbre, le nid, le soleil paternel. Mais le mortel chassé de ses foyers y rentre-t-il jamais? Hélas ! l'homme ne peut dire en naissant quel coin de l'univers gardera ses cendres, ni de quel côté le souffle de l'adversité les portera. Il ne trouve pas, ainsi que l'oiseau, l'hospitalité sur la route; il frappe, et l'on n'ouvre pas : il n'a, pour appuyer ses fatigues, que la colonne du chemin public, ou la borne de quelque héritage. Souvent même on lui dispute ce lieu de repos, qui, placé entre deux champs, semblait n'appartenir à personne. N'espérons donc que dans le ciel, et nous ne craindrons plus l'exil; il y a dans la religion toute une patrie. »

PROMENADE

ENTOMOLOGIQUE

ou

ENTRETIEN SUR LES PARTICULARITÉS LES PLUS REMARQUABLES
DE L'HISTOIRE NATURELLE DES INSECTES.

Utilité et intérêt que présente l'étude de l'histoire
naturelle des insectes.

LE PÈRE, ARTHUR, RICHARD.

LE PÈRE.

La fraîcheur la plus douce remplace la température ardente d'une de nos plus brûlantes journées
du mois de juin; laissez là vos livres, mes petits
amis, et commençons notre promenade du soir.

Nous allons lire quelques pages du grand et admirable livre que la nature développe à nos yeux, et vous ne pourrez vous empêcher de remarquer sur ces feuillets négligés par tant d'hommes des traits frappants et nombreux de la grandeur, de la magnificence, de la bonté, de la puissance et de la providence de Dieu, l'auteur de la nature. En recueillant précieusement ces traits dans votre mémoire, vous les laisserez descendre jusqu'à votre cœur, comme la semence des plus purs sentiments d'amour et de reconnaissance. Plus on étudie la nature, plus on l'aime, plus aussi l'on est porté vers son auteur par l'admiration et par un saint enthousiasme, qui vous force à traduire les sentiments de l'âme en hymnes de respect et d'adoration. La gloire de Dieu est écrite en lettres d'or à la voûte du ciel, et les étoiles brillantes en sont les resplendissants caractères ; elle se reflète sur la terre dans un jour calme et serein ; la mer dans ses fureurs, ou dans ses harmonieux soupirs, la raconte au cœur de l'homme impressionnable aux grands spectacles, et dans le concert magnifique de tous les êtres appelés à la

vie, le petit insecte qui bourdonne sous l'herbe,
qui voltige sur les fleurs, ou qui bruit dans le
silence des forêts, nous raconte aussi la magnificence de celui qui a bien voulu l'appeler à l'existence. Les anciens disaient : *La nature est surtout admirable dans les petites choses* (1), et
nous dirons : *Que Dieu soit loué dans toutes les
œuvres de ses mains !* L'organisation seule de ces
petits animaux, examinée par un œil attentif,
suffirait pour exalter l'imagination la plus froide,
et pour exciter l'intérêt dans l'esprit le plus dis-
trait ou le plus indifférent. En effet, que de ressorts
multipliés, que de combats et de résistances, que
de modifications dans les appareils et dans les produits qui en découlent ! que de fonctions compli-
quées se trouvent nécessitées dans l'acte complexe que nous avons appelé *la vie* ! Il suffit d'y
réfléchir quelques instants pour être frappé de tout
ce qu'il y a de vraiment merveilleux dans la structure, dans les phénomènes qui en résultent, et
dans toutes les facultés accordées aux frêles ani-

____

(1) Natura maximè miranda in minimis.

maux qui vont faire le sujet de quelques-uns de nos entretiens de promenade.

ARTHUR.

Cher père, il y a quelques jours, un de vos amis disait, en parcourant les boîtes où sont rangés vos insectes, que l'entomologie est une connaissance futile, et qu'elle ne procure que des amusements frivoles.

LE PÈRE.

Je l'avoue, mon cher Arthur, beaucoup de personnes qui ne savent apprécier les choses qu'elles ignorent, répètent souvent que l'étude des insectes n'est qu'un amusement futile. Je le veux bien accorder, l'étude de l'entomologie est un amusement, c'est-à-dire qu'elle procure des connaissances qui, loin de fatiguer, occupent agréablement l'esprit qui les acquiert. Les hautes sciences, celles qu'on est convenu d'appeler importantes, n'ont pas toujours leurs abords ornés de fleurs ; il faut, pour les acquérir, marcher par des sentiers où l'on se déchire, où souvent l'on se heurte; les grands travaux de l'intelligence n'ont pas tous pour eux les charmes ni l'agrément; l'impérieuse nécessité enchaîne beaucoup d'hommes, et bien des fronts suent de fatigue et d'efforts pour conquérir une science indispensable dans la société. Mais, chers enfants, faudra-t-il mépriser un petit filet d'eau qui glisse modestement entre deux rives étroites, qu'il embellit de sa fraîcheur féconde, parce que nous entendons, à quelque distance, le bruit des flots de la vaste mer qui se brise sur des falaises abruptes et déchirées, ou qui vient expirer sur des dunes sèches et arides?

L'étude de l'entomologie, tout en amusant l'esprit, peut lui rendre les plus grands services, parce qu'elle développe ses connaissances, qu'elle lui donne plus d'ordre et de méthode, qu'elle le rend plus attentif et plus observateur; enfin, parce qu'en piquant sa curiosité elle stimule le désir d'apprendre. Si c'est un des avantages les plus importants, et le moins apprécié peut-être, de l'art du dessin, pour la plupart des personnes qui le cultivent, que de rendre l'œil plus clairvoyant et

7*

l'esprit plus observateur, nous pouvons le dire assurément avec non moins de vérité de l'aimable science des insectes. Elle exerce l'œil à découvrir des traits qui eussent échappé à l'attention, elle force l'esprit à comparer, à discuter, à juger, à classer, et par une habitude longtemps contractée, elle le met, pour ainsi dire, dans la nécessité de porter dans toutes ses pensées, dans tous ses projets, dans tous ses travaux, le même esprit d'analyse et d'exactitude. On ne se laissera plus rebuter par ce que des hommes moins sévères pourront appeler des minuties et des bagatelles; on a compris que ce qui souvent est dédaigné comme d'une importance secondaire peut néanmoins quelquefois être plus nécessaire que ce qui est considéré comme indispensable. Ce n'est point l'éclat de la corolle, le velouté des feuilles, la grâce du port, la grandeur de la tige qui déterminent le botaniste dans ses classifications; ce sont des parties bien plus importantes, quoiqu'elles échappent presque toujours aux yeux distraits du vulgaire. Eh bien, mes chers enfants, l'étude de l'entomologie ne servît-elle qu'à rendre l'esprit plus attentif, qu'à l'exercer dans l'observation et l'analyse, ne devrait pas être considérée comme un amusement futile, mais comme le plus utile et le plus profitable des amusements. Science humble et méprisée, l'entomologie cache ses avantages sous des charmes modestes, et bien des esprits qui la dédaignent s'éprendraient pour elle s'ils pouvaient la connaître; car elle n'a besoin que d'être connue pour être aimée. Je ne veux pas m'étendre davantage ; l'ardeur que vous montrez pour l'étude des insectes portera ses fruits un peu plus tard, et vous pourrez apprécier par votre propre expérience les avantages que je n'ai fait que vous indiquer ici.

RICHARD.

J'ai remarqué que ce jeune homme de vos amis, dont parlait Arthur, ne disait pas seulement que l'entomologie est un amusement futile, il ajoutait encore qu'elle ne saurait procurer aucun des avantages qu'il nommait *positifs*. Je n'ai pas oublié qu'il comparait l'entomologie à la physique, à la chimie, à la mécanique, qui dans notre siècle ont rendu les plus grands services à la société. Il ne pouvait trouver de termes assez emphatiques pour les louer, tandis qu'il semblait sourire de dédain en prononçant seulement le nom d'*entomologie*.

LE PÈRE.

La comparaison, mes petits amis, est sans doute fort utile pour trouver la vérité; c'est même le seul moyen de trouver la vérité absolue; mais combien de fois ne se laisse-t-on pas tromper par le plus et le moins! Combien dans la nature trouvons-nous d'objets dont l'importance est purement relative! et raisonnerait bien mal, qui les prendrait pour moyen terme d'une conclusion générale. Parce qu'une chose est relativement très-utile, est-ce à dire pour cela que telle autre chose n'offrira aucune utilité?

Les hautes sciences dont vous avez si bien retenu les noms, mon cher Richard, ont, sans contredit, une très-grande importance, et on ne se tromperait pas en disant qu'elles exercent aujourd'hui une très-grande influence sur la société. Pour nous, sans vouloir établir de comparaison, nous montrerons que la science parfois si calomniée de l'entomologie a rendu de son côté d'éminents services à l'industrie et aux arts. Si l'utilité et les *avantages positifs* sont nécessaires pour faire accorder à l'entomologie un rang honorable parmi les autres sciences humaines, nous pensons qu'il ne lui sera pas refusé sans injustice.

Si l'on n'eût jamais observé les chenilles, eût-on découvert celle qui fournit tant à notre luxe et à nos besoins? Sans les efforts louables d'entomophiles distingués, eût-on perfectionné les procédés d'éducation des vers à soie? eût-on songé à établir ces belles magnaneries si artistement disposées pour leur prompt développement? Il avait fallu étudier patiemment les mœurs et les habitudes de ces précieuses chenilles, apprécier toutes les conditions de salubrité, de propreté, de température, qui leur sont indispensables. Ne savons-nous pas que plusieurs entomologistes célèbres appliquent leurs recherches aussi actives que patientes au moyen de les préserver ou de les guérir d'une maladie, la *muscardine,* qui en détruit un si grand nombre, et souvent, en quelques jours, fait

évanouir l'espérance des travaux de plusieurs semaines ? Encourageons les efforts de ces hommes,
voués à l'étude, pour favoriser le développement
d'une de nos principales branches de commerce,
qui donne la vie et l'occupation à tant de bras, et
alimente un si grand nombre de manufactures.

ARTHUR.

Quand on me parle des avantages que l'homme
peut retirer des insectes, mon esprit se porte,
malgré moi, vers les abeilles, et me rappelle les
lois de leur petite république et leur merveilleuse
industrie. J'ai été tellement frappé du beau spectacle dont vous m'avez rendu témoin il y a quelques
jours', que je n'ai point oublié l'utilité que nous re-
tirons de leurs provisions et de leurs travaux. Vous
me faisiez voir avec votre *loupe* leurs ailes composées d'une gaze transparente et polie, traversées
de nervures délicates, leurs gros yeux formés de
petites facettes, et sur le milieu de leur front trois
autres petits yeux lisses et polis. J'admirais la
beauté et l'éclat de ces cinq yeux, quand tout à
coup vous m'avez fait voir une partie du corps

ornée des couleurs les plus vives, des nuances les plus riches, des teintes fondues avec la plus surprenante harmonie. Je n'en croyais pas mes yeux. Et comment, en effet, comprendre une pareille dépense d'or, d'argent, d'azur, de rubis, d'émeraudes, de diamants, pour orner un être si peu important? Je n'ai pas oublié que vous m'avez promis en même temps de me montrer plus tard les panaches, les aigrettes et plusieurs autres ornements qu'on remarque sur la tête des mouches et de quelques autres insectes.

RICHARD.

Tu n'as pas oublié non plus, je pense, combien nous semblait délicieux le miel doré qui se trouvait encore dans les gâteaux de cire, et quel plaisir on nous a procuré en nous conduisant dans une métairie où l'on faisait la récolte du miel.

ARTHUR.

Mais, mon père, comment a-t-on pu apprivoiser ces petits animaux si utiles?

LE PÈRE.

La cire et le miel ont pour nous des points d'utilité réelle. Ceux qui ont observé ces insectes industrieux dans les forêts, où ils déposent leurs gâteaux dans de vieux troncs d'arbres, ont songé à en faire des animaux domestiques; ils les ont transportés dans les jardins ou dans les environs des maisons, pour les faire multiplier davantage et pour profiter du fruit de leurs travaux. Ils nous ont ainsi rendu de très-grands services.

RICHARD.

Mon père, vos abeilles vous ont toujours beaucoup intéressé.

LE PÈRE.

Oui, mes abeilles sont pour moi une source féconde d'amusement : plus j'étudie leurs mœurs, plus je me sens porté à admirer la merveilleuse sagacité dont elles font preuve. Ce qui m'intéresse surtout, c'est le pouvoir qu'elles ont de se communiquer entre elles leurs projets par un langage ou des moyens qui nous sont inconnus, ce qui a lieu surtout lorsqu'elles se préparent à essaimer. On voit alors partir quelques individus qui vont en éclaireurs reconnaître le terrain. Ceux-ci planent pendant quelque temps au-dessus de quelque buisson ou branche d'arbre, et retournent ensuite à la ruche, que peu après le nouvel essaim quitte pour aller s'y fixer. Dans la ruche, le moindre mouvement de la reine abeille est étudié, suivi et interprété ; elle est curieuse de son naturel. Fait-on du bruit, elle prête l'oreille, et toutes les abeilles gardent le silence ; va-t-elle pour en savoir la cause, toutes les abeilles la suivent. Elle a un cri que l'on appelle son chant ; lorsqu'elle le fait entendre, toutes les abeilles prennent une attitude particulière et restent comme immobiles.

On ne sait pas le nombre d'œufs que la reine donne pendant sa grande ponte, mais il doit être considérable. Réaumur pense que, pendant les mois d'avril et de mai, plus de douze mille œufs ont été déposés par elle dans les alvéoles : ce qui fait deux cents par jour. Elle paraît alors épuisée par ce travail ; car les abeilles, qui l'ont constamment entourée pendant sa marche, lui donnent à manger en lui versant dans la bouche le liquide mielleux contenu dans leur estomac. Cette opération se répète à plusieurs reprises pendant un certain temps, après lequel la reine se retire à un endroit de la ruche où les abeilles sont plus nombreuses, et n'en sort pas, malgré ce qu'en dit Huber. J'ai constamment étudié les mœurs de ces insectes pendant plusieurs années, et je n'ai jamais vu sortir la reine abeille, sauf à l'époque des essaims. Son extérieur la distingue des autres, et il est facile de la reconnaître quand elle quitte la ruche ou qu'elle y retourne. Les naturalistes anglais qui ont fait une étude particulière de l'abeille, n'admettent aucunement l'opinion de Huber.

RICHARD.

Comment se forme la cire chez les abeilles ?

LE PÈRE.

La cire est une sécrétion qui se forme sous les écailles du ventre de l'insecte, d'où je l'ai souvent vue se détacher en s'exfoliant ; elle est toujours plus abondante dans la grande chaleur. Comment le miel ou le sucre que recueillent ces insectes, a-t-il pu se changer en cette substance ? C'est une question insoluble. Le mécanisme des sécrétions est un grand mystère de la physiologie. La vue chez les abeilles paraît très-imparfaite; elles semblent plutôt *sentir* leur chemin que l'apercevoir. Leur vol, dans lequel elles parcourent de grandes distances, se fait toujours au retour en ligne directe jusqu'à la ruche, avec une rapidité extrême. Il est curieux de remarquer avec quel instinct elles sauront tout de suite distinguer la leur d'avec quarante ou cinquante autres placées à côté. Le poëte dit que les odeurs suaves qu'elle respire sur sa route la guident à sa demeure. J'ai observé, lorsque j'introduisis dans mon jardin une nouvelle ruche dont les abeilles venaient de fort loin, que les premiers jours de leur sortie se passaient non à ramasser du miel, mais à faire connaissance avec les objets environnants. Les guêpes, au contraire, paraissent douées d'une meilleure vue que les abeilles, et cependant la construction des yeux est analogue chez les unes et chez les autres. Derham, dans sa Théologie physique, remarque que dans l'œil de l'abeille et dans celui de la guêpe la cornée et les nerfs optiques, étant toujours à la même distance, ne sont destinés qu'à saisir les objets éloignés, et non ceux qui sont proches, et que la construction de cet œil présente l'aspect d'un curieux treillage formé par plusieurs milliers de facettes hexagones, ayant chacune son nerf optique, et qui forment autant d'yeux distincts. Les guêpes cependant retrouvent avec plus de précision l'entrée de leurs nids que ne le font les abeilles, lors même, comme je l'ai souvent remarqué, que le trou qui leur sert d'entrée se trouve caché dans l'herbe longue et touffue, et cela à une heure très-avancée dans la soirée.

ARTHUR.

Je vous avouerai, mon père, que, malgré l'intérêt que vous m'inspirez pour les abeilles, je n'oserais m'aventurer trop près de leurs ruches.

LE PÈRE.

Les abeilles s'irritent facilement, et conservent longtemps du ressentiment envers celui qui les a molestées. Je l'ai éprouvé une fois par rapport à une de mes ruches, dont les abeilles ne m'ont jamais permis d'approcher pendant deux ans, tandis que celles qui avoisinaient souffraient toutes mes familiarités. Je m'étais tellement apprivoisé avec elles, que je suis convaincu qu'elles savaient me distinguer d'avec un étranger. Je me plaçais constamment devant l'entrée de la ruche, et je leur donnais à manger. Elles venaient en nombre considérable voltiger autour de moi et se poser sur ma tête et sur mes mains ; aussi notre attachement était mutuel. Ceux-là seuls me pardonneront les heures que j'ai consacrées à leur service, qui ont étudié de près tout ce qu'il y a d'admirable dans l'économie de cette petite monarchie, leur assiduité, leurs travaux infatigables, leur affection pour leur reine, et les nombreux moyens qu'elles imaginent dans l'intérêt de la communauté.

ARTHUR.

La reine abeille se distingue-t-elle des autres abeilles par la grosseur de son corps ?

LE PÈRE.

L'abdomen de la reine abeille est deux fois plus long que celui de l'abeille ordinaire, et ses ailes sont beaucoup plus courtes que son corps. Comme elle ne se repose jamais en dehors de la ruche, on ne l'aperçoit que rarement ; cependant il y a un moyen de la voir, mais qui demande beaucoup d'adresse et d'habitude pour l'employer avec succès ; ce moyen consiste à donner quelques coups légers sur les côtés ou sur le bas de la ruche : la reine paraît aussitôt à l'entrée pour voir la cause de ce bruit, et se retire sur-le-champ au milieu de son peuple.

RICHARD.

Que de choses merveilleuses dans les mœurs des insectes !

LE PÈRE.

Rien n'est plus curieux dans l'économie des insectes que l'infinie variété de formes et de matériaux qu'ils emploient dans la construction de leurs nids, et qui sont si bien adaptés aux exigences de leurs positions. Je possède plusieurs spécimens intéressants de nids de guêpes, entre autres un qui fut trouvé sous les ardoises d'un toit à Hampton-Court, et dont j'ai fait hommage au musée zoologique. Il a près de six pieds anglais de circonférence. L'ouverture qui servait d'entrée était consolidée à l'entour par une maçonnerie solide et compacte comme le bois. Sans cette précaution, le frottement constant produit par la sortie et l'entrée continuelles des insectes l'eût endommagée. L'extérieur du nid présentait l'apparence d'une agglomération de petites écailles d'huîtres. Les matériaux employés par les guêpes se composent de râpures de bois et d'écorces broyées.

Une espèce de guêpe solitaire, la *vespa companaria*, nous visite de temps en temps; mais elle n'est pas commune en Angleterre. J'ai trouvé un de ses nids sous une écorce de chêne, et un autre dans la terre. Tous deux me paraissaient construits de petites parcelles râclées ou arrachées du bois de saule, ou d'autres arbres à écorce moelleuse, et cimentées ensemble par un gluten animal. Ils ressemblent beaucoup aux nids des guêpes communes. Cette espèce vit par familles peu nombreuses; leur habitation est formée de dix à douze cellules qui sont placées au fond d'un vase à forme d'œuf, avec un orifice ou entrée à l'extrémité. Cette partie est protégée par une sorte de coiffe extérieure, autour de laquelle l'air circule et préserve les cellules de toute humidité. Ce nid ressemble dans sa position pendante à quelque fleur ébauchée en papier ; sa structure est d'une forme très-élégante et doit exciter l'attention de l'observateur le moins curieux.

RICHARD.

Quant à moi, je n'ai aucune prédilection pour les guêpes. Ces insectes me paraissent par leur nature cruels et rapaces.

LE PÈRE.

Les guêpes rencontrent à leur tour des persécuteurs. Il ne faut prêter qu'un peu d'attention à ce qui se passe chaque jour dans le domaine de la nature, pour se convaincre qu'aucun animal, depuis le monstre qui habite les profondeurs de l'Océan jusqu'à l'insecte qui se traîne sur la terre, n'est à l'abri de l'atteinte ou de la poursuite des autres. Tous obéissent à cette loi de la création. Les plus grands se font redouter par leur force ;

mais aussi ils sont à leur tour molestés par les plus faibles. Le frelon (*vespa crebra*) fait preuve d'une férocité et d'une avidité qui sont rarement dépassées dans les bêtes fauves les plus voraces. Le murmure de ces insectes résonne dans nos jardins pendant la saison des fruits. Ils sucent à longs traits la liqueur sucrée de nos prunes et de nos abricots ; mais l'objet principal de leur visite est de s'emparer des guêpes attirées comme eux par les mêmes appâts. Ils les poursuivent non-seulement sur les fruits, mais jusque dans leur vol, et les capturent avec une facilité qui semble inexplicable d'après la pesanteur de leur forme, si peu appropriée à l'agilité de cette course. Ils emportent leur prise sur quelque plante voisine : là, ils commencent par lui ôter la tête et détacher la partie inférieure du corps. En s'approchant de près on entend distinctement le bruit qu'ils font avec leur forte mandibule, par le moyen de laquelle ils ôtent le corselet, et, broyant l'abdomen, le dévorent, ou bien sucent le suc qu'il contient. Lorsque le raisin mûrit sur nos treilles, les frelons s'y posent pour guetter les guêpes qui y abondent, et on les voit continuellement occupés à saisir ces malheureux insectes.

La guêpe, à son tour, fait la chasse à la mouche commune; mais elle y semble plutôt portée par un autre instinct que par celui de la faim; car, après l'avoir enlevée pour quelque temps dans les airs, elle la laisse tomber sans y avoir goûté. La mouche aussi contribue de son côté à la mort de plus d'un animal; mais nous ne connaissons point d'insecte qui fasse sa proie du frelon. Cependant il doit avoir quelque ennemi redoutable; car il y a des années où il est très-rare. Les frelons sont d'une humeur fort belliqueuse; ils s'attaquent mutuellement avec férocité, lorsqu'ils se rencontrent à la poursuite d'une proie. On voit alors deux combattants se ruer l'un sur l'autre, chacun essayant d'insérer ses mandibules sous la tête de son ennemi, pour la séparer du tronc. J'en ai enfermé deux sous un verre, et le combat s'est engagé avec tant de fureur, que l'un et l'autre sont morts des suites de leurs blessures.

Leurs nids sont vastes. Les cellules sont recouvertes d'une substance qui ressemble à du papier gris. La fécondité de ces insectes est si grande, qu'une seule femelle donne naissance à toute la colonie, qu'elle fonde à elle seule ; elle prépare par ses seuls efforts les premières cellules des larves, recouvertes d'une espèce de toiture en forme d'ombrelle pour les garantir du froid et de l'humidité. Les guêpes et les frelons n'ont pas la prévision des abeilles. Lorsque l'hiver approche, ils se trouvent sans ressource, n'ayant rien amassé dans leurs greniers. Les vieilles guêpes dévorent alors les petites qui sont dans les cellules, et le froid fait périr le reste. En examinant un guêpier vers le commencement de l'hiver, on n'y rencontrera pas un seul insecte ; les femelles ou reines seules se cachent dans quelque trou de muraille ou de tronc d'arbre pour y passer la saison rigoureuse, d'où elles reparaissent au printemps pour fonder de nouvelles colonies.

ARTHUR.

Ne devons-nous pas à des insectes quelques-unes de nos belles couleurs ?

LE PÈRE.

Je vous faisais connaître dernièrement comment

les anciens se procuraient la belle couleur de la pourpre. Au milieu des fables qu'il semble prendre plaisir à raconter, Pline le naturaliste nous rapporte comment le hasard fit découvrir cette riche et précieuse couleur. Sur les côtes de Phénicie, un chien de berger, pressé par la faim, dévora quelques coquillages abandonnés par la mer sur le sable du rivage. Quelques instants après, ses lèvres et ses oreilles parurent teintes des plus belles nuances d'un rouge vif et pur. Depuis ce temps, la pourpre tyrienne devint le vêtement exclusif des empereurs et des rois. « Devant cette couleur précieuse, dit « Pline, les faisceaux et les haches romaines « écartent la foule ; elle est la majesté de l'en- « fance, elle distingue le sénateur du chevalier ; « au pied des autels elle fléchit les dieux ; nos « vêtements empruntent d'elle leur éclat ; elle se « mêle à l'or dans la robe triomphale ; excusons « donc la passion folle qu'elle inspire. »

Quelque belle que fût la pourpre deux fois teinte de la Phénicie, nous pouvons assurer, sans craindre de nous tromper, que nous possédons une couleur analogue bien supérieure en richesse et en éclat. A-t-on découvert dans les *murex*, les *buccinum*, et les autres *coquilles purpurifères*, quelques nouvelles espèces moins avares de leur trésor? ou bien l'expérience nous a-t-elle enseigné quelque nouveau mode de préparation, quelques procédés plus parfaits? Non, c'est un petit insecte, la *cochenille du nopal*, qui nous procure à peu de frais la plus somptueuse et la plus estimée des couleurs. La peinture lui a emprunté une de ses couleurs les plus brillantes et les plus vives, et plusieurs arts savent apprécier l'utilité du *carmin*.

RICHARD.

Outre la *cochenille du nopal*, n'avez-vous pas dans votre collection d'hémiptères quelque insecte que vous appelez *kermès* ou *graine d'écarlate*, qui donne aussi une belle teinte rouge?

LE PÈRE.

C'est vrai, ce petit insecte si singulier par sa forme qui le fait ressembler plutôt à une excroissance végétale qu'à un véritable animal, vit et se développe sur une espèce de petit chêne. Pendant longtemps il a rendu de grands services par sa couleur rouge foncé; mais il a cessé presque totalement d'être employé, depuis qu'en combinant le *carmin* avec une solution d'étain par l'acide nitro-muriatique, on a obtenu facilement et à moins de frais une belle couleur rouge écarlate.

Les couleurs dont nous venons de parler sont dues à la dépouille de l'insecte lui-même, d'autres sont obtenues de certaines végétations contre nature produites par de petits hyménoptères. Le *cinips* cause la plupart de ces tumeurs et de ces excroissances singulières que nous remarquons sur une grande quantité d'arbres et d'arbrisseaux. L'insecte est armé d'un instrument particulier à la partie postérieure de son abdomen. Cet instrument consiste en une espèce de tarière qui, par un mouvement spécial que sait lui imprimer le petit animal, s'introduit sous l'épiderme de la tige ou des feuilles. Cette tarière conduit un œuf et laisse découler une petite gouttelette d'une liqueur âcre et irritante qui fait affluer la séve à cet endroit. Le liquide végétal, ainsi extravasé, abreuve largement l'œuf qu'il enveloppe, et, par une production anormale, prépare une nourriture abondante à la larve qui bientôt doit éclore. On connaît toutes ces excroissances sous le nom de *galles*, et on en rencontre fréquemment dans nos contrées. Ces galles n'ont jamais été employées dans l'industrie ; mais celles qui viennent sur une espèce de chêne vert (yeuse) de l'Asie Mineure, et principalement des environs d'Alep, servent en teinture et pour faire de l'encre. Qui sait si, en tentant de nouvelles expériences bien dirigées sur les galles que nous possédons en si grande quantité, l'on ne parviendrait pas à réaliser quelques nouvelles découvertes au profit de l'industrie ? Les travaux des entomophiles modernes, dirigés avec tant de soins et de patience, peuvent nous faire espérer, avec fondement, des résultats importants et inattendus.

ARTHUR.

Croyez-vous qu'on puisse encore faire en entomologie des découvertes utiles, dans le genre de celles dont vous nous parlez ?

LE PÈRE.

Je ne saurais répondre à votre question d'une

manière bien positive ; mais je vous rapporterai le fait suivant : il suffira pour vous convaincre que des essais, qui au premier aspect peuvent paraître bizarres, peuvent néanmoins produire des résultats étonnants et auxquels on s'attendrait le moins. Il y a quelques années, les hannetons se multiplièrent en un certain canton de l'Allemagne au point de détruire les feuilles de tous les arbres et de causer à la végétation les plus grands dégâts. Un savant entomologiste s'imagina de tirer parti du fléau lui-même. Il fit recueillir une très-grande quantité de ces hannetons, et par des procédés simples et peu dispendieux, il parvint à en extraire une huile à brûler, de bonne qualité, et dans une proportion assez considérable. Un pareil résultat, quelque remarquable qu'il soit en lui-même, ne saurait avoir de grandes conséquences pratiques ; mais il peut nous donner une idée de l'industrie de certains hommes, et nous faire soupçonner qu'il existe dans la nature bien des êtres qui pourraient nous être avantageux, mais dont nous ne savons pas tirer parti.

Dois-je vous entretenir, mes chers enfants, des

bienfaits que peuvent nous procurer quelques insectes? Quand des humeurs trop abondantes nous
causent des maladies dangereuses et parfois cruel-
les en se portant dans des régions importantes de
notre corps, comment parvient-on à opérer une ré-
vulsion salutaire ? N'est-ce pas au moyen de la dépouille de la *cantharide* réduite en poudre fine,
dont on fait les vésicatoires ? Que de services nous
a rendus ce petit insecte, et combien de malades
iront encore lui demander du soulagement et la gué-
rison de leurs maux ! Mais je ne puis m'empêcher
ici, mes petits amis, de vous faire admirer la géné-
rosité de la Providence envers tous les pays et tous
les hommes. La cantharide (*lytta vesicatoria*) est
propre aux climats tempérés de l'Europe, et ne
se trouve point dans les contrées ardentes de
l'Asie. Les maladies cependant sont le triste apa-
nage de tout le genre humain; partout elles exercent leur funeste empire. Dans ces régions, la
cantharide est remplacée par le genre des *myla-
bris,* qui la représente complétement. Ces insectes
partagent les mêmes propriétés et sont employés
aux mêmes usages. C'est ainsi que chaque climat

8*

possède des remèdes appropriés aux maux des hommes qui l'habitent.

Depuis le mois de mai jusqu'à la fin d'octobre, nous rencontrons souvent dans nos campagnes plusieurs espèces du genre *méloë*. Ces insectes sont revêtus d'une enveloppe bleuâtre, et sous leurs élytres peu développés on ne voit pas d'ailes membraneuses. Par de savantes et curieuses expériences, M. Bretonneau, médecin à Tours, a démontré que ces insectes, et surtout les parties coriaces des élytres et de l'enveloppe tégumentaire, possédaient la propriété vésicante presque au même degré que la *lytta vesicatoria*. D'autres expérimentateurs, entomophiles distingués, ont découvert que la propriété d'exercer sur la peau cette espèce de brûlure n'était pas exclusivement propre aux insectes de la famille des *trachélides* ou *épispastiques,* et qu'elle était commune, à des degrés différents, à tous les insectes dont le corps est orné de couleurs métalliques; ainsi la partie dure des *carabes,* des *cicindèles,* de plusieurs *harpaliens,* réduite en poudre et convenablement préparée, leur a présenté les mêmes phénomènes de vésication.

ARTHUR.

Mais, cher père, si quelques insectes sont utiles, il y en a certainement un bien plus grand nombre qui non-seulement sont inutiles , mais très-nuisibles.

LE PÈRE.

Votre observation est fort juste , et j'y songeais à l'instant. Je me disposais à vous présenter quelques réflexions à ce sujet. Dans l'histoire naturelle des insectes, il reste un vaste champ à des découvertes utiles et à des expériences très-louables, d'un genre tout opposé à celui dont nous venons de nous entretenir. Une infinité de ces petits animaux désolent nos arbres, nos plantes, nos fruits. Ce n'est pas seulement dans nos champs, dans nos jardins, qu'ils font des ravages ; ils attaquent dans nos maisons nos étoffes, nos meubles, nos habits, nos fourrures ; ils rongent le blé de nos greniers, ils percent et réduisent en poussière les pièces de charpente de nos bâtiments ; ils ne nous épargnent pas nous-mêmes. Celui qui, en étudiant les différentes espèces d'insectes nuisibles, chercherait le moyen de les détruire ou de les empêcher de nuire, se proposerait assurément une tâche fort utile et fort honorable.

Je n'ai pas l'intention, mes bons amis, de vous passer ici en revue tous les insectes destructeurs, je veux seulement vous en faire connaître quelques-uns qu'il serait plus important de détruire.

A la tête de tous les insectes malfaisants nous pouvons, sans balancer, mettre le *charançon du blé (calandra granaria)*, qui fait dans nos magasins d'épouvantables dégâts. Les ravages que cause ce terrible dévastateur sont d'autant plus à redouter qu'ils sont plus difficiles à apercevoir : souvent le mal est à son comble et sans remède lorsqu'on parvient à le découvrir. La larve de cet insecte se développe dans l'intérieur du grain de froment, dont elle mange toute la farine, en ménageant avec précaution l'enveloppe solide qui lui sert de toit et d'abri. Ainsi soustraite aux regards, et à couvert des injures de l'air et de ses ennemis, la larve, bien repue, peut subir, sans redouter le moindre danger, sa dernière transformation. Elle n'a pas besoin de travailler pour se fabriquer,

comme certaines espèces, une coque de soie, ou
de chercher un refuge pour n'être point troublée
dans les mystères de ses métamorphoses : les parois
qui l'ont abritée lui servent encore de sauvegarde.
Enfin, quand elle est parvenue à son état parfait,
elle rompt sa première enveloppe, perce adroitement sa petite prison et s'échappe au dehors.
L'extrême multiplication de cette race de petits
ravageurs les rend l'effroi des cultivateurs et de
tous ceux qui font le commerce des grains. Les
entomologistes ont cherché bien des fois à préserver les grains de l'attaque de ces charançons
redoutables, et si leurs efforts n'ont pas été cou-
ronnés d'un plein succès, au moins ont-ils rendu
d'éminents services. Quelque jour, peut-être, en
continuant à étudier les mœurs et les habitudes
de ces insectes, parviendra-t-on à découvrir un
moyen facile de les détruire. Jusqu'à présent le
meilleur qu'on ait proposé, c'est de remuer
souvent le blé et de l'exposer à un courant d'air
sec, pour le préserver des attaques, et de l'exposer à la chaleur d'un four quand malheureusement
il en est infesté.

Je pourrais ici vous parler de certains *bruchus,*
qui se développent dans l'intérieur des graines de
nos plus utiles légumineuses. Vous parlerai-je
des dégâts causés par les *teignes,* et tous les
autres lépidoptères de la famille des *tinéites ?*
Vous entretiendrai-je du ravage des *dermestes,*
des *attagenus,* des *anthrenus,* dans les fourrures
et les pelleteries? sans parler d'autres insectes
moins connus, quoique non moins à redouter, c'est-
à-dire les *vrillettes,* les *colidium* et les *xylo-
phages* en général. Tous ces petits mangeurs de
bois font souvent les plus grands dégâts dans nos
meubles et dans nos boiseries, dans le bois mort; ils
attaquent même les arbres les plus robustes et les
plus vigoureux, qu'ils ne tardent pas à faire périr.
Le *scolytus destructor* est un des plus à redouter
dans nos grandes forêts, et dans les bois de haute
futaie. Sa larve se développe non-seulement en
perçant en tout sens l'aubier des grands arbres,
mais encore en creusant jusque dans le ligneux le
plus solide et le plus dense. Comme l'insecte se
multiplie beaucoup et très-rapidement, l'arbre le
mieux portant ne tarde pas à céder à tant de causes

de destruction. On voit d'abord les feuilles se flétrir, les jeunes rameaux se pencher ; souvent l'épiderme se ride et se soulève par lamelles ; tout l'extérieur porte les symptômes de la terrible maladie qui dévore l'intérieur. C'est ainsi qu'un de nos plus célèbres entomologistes en a observé une quantité énorme dans le bois de Vincennes en 1837 , où la sécheresse, jointe au *scolytus destructor,* fit périr plus de quarante mille pieds d'arbres.

Je ne ferai que mentionner les *bostrichus,* les *lyctus,* etc., qui tous se développent dans le bois, pour passer aux larves de la nombreuse famille des longicornes et à celles des *lucanes,* qui, dans leur premier âge, prennent tout leur accroissement au cœur des arbres, même les plus forts. Comme toutes ces larves sont d'une taille démesurée, comparées aux autres, et qu'elles passent plusieurs années à ronger les substances végétales avant de se transformer, que de dégâts n'a-t-on pas souvent à déplorer !

Quand je vous ai parlé des ravages du charançon du blé, j'aurais pu y joindre la condamnation des *curculionites* en général. Beaucoup d'espèces sont à redouter : quelques-unes, comme l'oiseau ébour-geonneur, font le plus grand tort à nos vignes, en rongeant les bourgeons et les jeunes pousses ; quelques autres connaissent le moyen de pénétrer sous la coque de la noix et de la noisette, et d'y dévorer tout le fruit ; la plupart des espèces ne se développent qu'à nos dépens.

RICHARD.

J'ai remarqué que tous les exemples que vous venez de détailler ont été choisis parmi les coléo-ptères ; est-ce que les autres ordres ne possèdent pas d'espèces nuisibles ?

LE PÈRE.

J'ai choisi les coléoptères, parce que vous les connaissez déjà un peu, et qu'en général ils ont été mieux étudiés. Que serait-ce si je voulais avec vous faire comparaître tous les insectes des autres ordres ? Ne verrions-nous pas les *forficules* déso-ler les jardiniers ; les *sauterelles*, dans certains pays, détruire les plus belles récoltes, et laisser après elles la famine et le désespoir ; les *courti-*

lières, en coupant les racines des plantes les plus utiles, faire le désespoir des horticulteurs ; certains *hémiptères* gâter et souiller nos fruits les plus exquis ; les *gallinsectes* (*coccus*) épuiser les orangers ; certaines chenilles dévorer le parenchyme des plus beaux légumes, et ne laisser que les nervures les plus coriaces ; la *pyrale de la vigne* ruiner par ses dévastations les pays vignobles les plus riches, etc.?

ARTHUR.

Ne parlons plus de tous ces insectes destructeurs que pour chercher des remèdes aux maux qu'ils nous causent. Veuillez cependant, mon père, nous dire quelque chose sur cet instinct maternel qui, dit-on, est si fort développé chez quelques-uns de ces petits êtres.

LE PÈRE.

Deux savants naturalistes, Kirby et Spence, assurent que les insectes font preuve d'un attachement et d'une sollicitude aussi grands pour leurs petits que les quadrupèdes les plus forts, qu'ils subissent autant de privations pour les nourrir, qu'ils les défendent au péril de leur propre vie, et même au milieu des angoisses de la mort. Un insecte qui n'excite que le dégoût, et auquel un préjugé absurde et ridicule a donné le nom de perce-oreille, la forficule, fait preuve d'un instinct admirable d'amour maternel. Elle surveille ses petits avec un tendre dévouement. Quelque accident vient-il à les disperser, son agitation devient extrême; elle les rassemble courageusement et les transporte délicatement au nid avec ses mandibules. M. Kerby dit que cet insecte couve ses œufs comme la poule, et lui ressemble dans ses soins empressés pour sa jeune famille. Aussitôt que les petits sont éclos, ils courent se réfugier comme des poussins sous les ailes de la mère, qui les abandonne à peine un seul instant, et qui témoigne une anxiété extrême pour leur sûreté.

L'araignée (*aranea vaccata*) est encore un modèle d'affection maternelle. J'ai pris un jour un nid de cet insecte, attaché à la partie inférieure d'une large feuille. Il avait la forme d'un cocon soyeux, avec une petite ouverture sous l'entrée. En brisant cette enveloppe, composée de deux

couches distinctes, j'ai trouvé un amas d'œufs
qui formait une petite boule compacte de la grosseur d'un pois. Je les ai placés ainsi dégarnis, avec
la mère araignée, sous un verre sur une cheminée
de marbre. Au moment où je le renversai, la mère
se trouvait à la partie supérieure; mais elle n'eut
pas plutôt aperçu ses œufs, qu'elle courut à ce
dépôt précieux avec un empressement extrême;
et les couvrant autant que possible de son corps,
elle semblait vouloir leur communiquer la chaleur
dont ils venaient d'être privés, et bientôt après
elle recommença à tisser autour d'eux une seconde
enveloppe soyeuse. Rien ne pouvait la distraire de
ce tendre devoir maternel, et pour donner une
preuve de son merveilleux instinct, elle eut la
précaution de suspendre par des brins de fils,
qu'elle attacha aux parois du verre, la feuille sur
laquelle reposaient ses œufs, afin d'éviter pour eux
le contact du marbre et le refroidissement qui en
serait la suite.

Puisque nous en sommes sur le chapitre des
araignées, je citerai à leur sujet ce que dit
M. Quatremère d'Issonval. Il prétend que ces

insectes sont des baromètres naturels, et qu'ils avertissent des changements de temps plusieurs jours à l'avance. « Il y a, dit-il, bien plus à se fier, « pour de grandes et importantes décisions, à des « araignées *pendices* (celles qui suspendent leurs « toiles perpendiculairement, obliquement, etc.) « qu'on ne doit le faire aux meilleurs baromètres. « Si le temps doit être pluvieux ou même venteux, « elles attachent de très-court les maîtres brins « de soie qui suspendent tout leur ouvrage, et « c'est ainsi qu'elles attendent les effets d'une tem- « pérature qui doit être très-variable. Elles tra- « vaillèrent de cette façon tout juin et juillet, qui « ont été très-pluvieux; mais le 3 ou 4 août il « s'est fait dans l'après-midi une des plus grandes « révolutions dans l'atmosphère qui aient eu lieu « peut-être de toute l'année. Mes araignées pri- « rent le mors aux dents, et s'en allèrent porter « les maîtres brins de leurs nouvelles toiles à des « distances énormes par rapport à celles qui pré- « cédaient. Je ne doutai point que ce ne fût la « naissance de l'été; aussi avons-nous eu dès ce « moment les premières chaleurs dignes de ce

« nom, et elles se sont soutenues quinze grands
« jours. Lorsque l'araignée travaille à grands fils,
« c'est la certitude d'un beau temps pour douze
« ou quinze jours au moins ; quand elles ne font
« rien, pluie ou vent ; lorsqu'elles travaillent peu
« et ne font qu'un petit ouvrage, temps variable ;
« mais lorsqu'elles tapissent en grand, temps su-
« perbe. L'araignée, l'animal le plus économe,
« n'entre en dépense du fil qu'elle tire de ses en-
« trailles que lorsqu'elle peut compter sur un long
« espace de beau temps. Quand on la voit refaire
« imperturbablement sa toile sous les averses qui
« la détruisent, c'est que les pluies ne seront pas
« durables. »

RICHARD.

Je n'ai jamais eu occasion de voir une araignée
avec ses petits.

LE PÈRE.

Les petits de l'araignée s'attachent en groupes
sur toutes les parties du corps de la mère, et celle-
ci les porte partout avec elle jusqu'à leur première
mue. Lorsqu'on la surprend ainsi couverte de centaines de ces petits êtres, il est amusant de les voir

tous sauter précipitamment de son dos et se sauver en tous sens.

Kerby et Spence nous citent encore la punaise des champs (*cimex griseus*) comme offrant un exemple remarquable de sollicitude maternelle. Elle conduit sa famille, souvent composée de trente à quarante petits, comme une poule à la tête de ses poussins. Lorsqu'elle marche, ils la suivent de près ; si elle s'arrête, ils se groupent autour d'elle. Un jour j'ai coupé une branche de bouleau, peuplée par une colonie de ces insectes ; la mère a témoigné la plus vive inquiétude : elle battait des ailes incessamment, apparemment dans le but de les protéger contre le danger qui les menaçait. En toute autre occasion, elle eût pris la fuite.

ARTHUR.

Tout ce que vous nous racontez, mon père, tendrait à faire supposer que les insectes sont doués de raison.

LE PÈRE.

Non, mon fils, la raison est une faculté qui appartient exclusivement à l'homme ; disons plutôt que les animaux ont appris de Dieu à agir de la manière la plus conforme à leurs besoins, et cela à l'instant même que cette action devient nécessaire. Cette définition paraît mieux répondre à nos idées de la surveillance incessante de la Providence sur toutes ses créatures. Et quel vaste champ alors pour nos études et notre admiration ! Ce petit insecte que je vois occupé à pratiquer un trou dans le sable, dans lequel il enfouit la chenille qui doit servir de nourriture à ses petits encore à naître, qu'il recouvre ensuite de sable, et dont il indique la place par deux petits morceaux de bois (1) ; cet insecte, dis-je, est-il dirigé par le grand maître de la création ? Oui, assurément ; celui qui nourrit les jeunes corbeaux, qui prévoit la chute d'un moineau, qui compte les cheveux mêmes de notre tête, règle aussi les opérations les plus minimes d'un insecte. La construction d'un nid d'oiseau, l'organisation de la cellule de l'abeille, la toile géométrique de l'araignée sont des preuves irrécusables ; toutes révèlent le Dieu qui dirige l'univers.

(1) Ray.

RICHARD.

Continuez, je vous prie, mon père, à recueillir vos souvenirs sur l'histoire si intéressante des insectes.

LE PÈRE.

Je ne me lasse point de contempler les opérations des insectes. J'avais sous ma fenêtre une guêpe de sable que je voyais aller et venir continuellement de la maison à une allée de jardin, d'où elle rapportait des grains de sable extrêmement fins, avec lesquels elle forma sa cellule sous un rebord de croisée. Lorsqu'elle eut achevé son œuvre, elle s'envola vers un buisson voisin, et rapporta une petite chenille verte qu'elle introduisit, non sans difficulté, dans sa nouvelle demeure. Elle déposa ensuite un œuf sur le corps de la chenille, et avec une espèce de maçonnerie composée de sable qu'elle humecta, elle boucha l'ouverture de sa cellule, en conservant une pente douce pour que la pluie n'y séjournât pas. Quatre autres cellules furent construites de la même manière, et après un certain laps de temps les jeunes guêpes s'émancipèrent et disparurent. On ne saurait douter que les chenilles dussent remplir le double objet de protéger les jeunes larves contre le froid, et de leur servir de nourriture jusqu'à ce qu'elles fussent en état de se délivrer de leur prison.

Un autre insecte du genre des *sphex* fait un trou dans une terre sablonneuse, il y enterre soit une grosse araignée, soit une chenille de phalène, dont il a soin d'abord d'ôter les pattes en les détachant avec ses mandibules tranchantes. Dans chaque blessure il dépose un œuf, afin que les larves puissent sucer le fluide dont le corps de ces animaux est imprégné, et par ce moyen elles préparent elles-mêmes le tombeau dans lequel doit s'opérer leur propre métamorphose (1).

Les observations suivantes sur les insectes sont tirées des *Éléments d'histoire naturelle* de Blumenbach; elles peuvent intéresser ceux qui n'auraient pas lu cet ouvrage.

« On a calculé que l'abdomen de la femelle de « la fourmi blanche, lorsqu'elle est sur le point

____

(1) Blumenbach.

« de déposer ses œufs, est deux mille fois plus
« volumineux qu'auparavant. Elle peut pondre
« jusqu'à quatre-vingt mille œufs en vingt-quatre
« heures. Les insectes qui subissent une métamor-
« phose s'appellent larves, dans le premier état
« qui suit leur sortie de l'œuf. Elles sont alors
« très-petites, mais elles croissent avec une ra-
« pidité surprenante; la larve de la mouche à
« viande pèse, vingt-quatre heures après la ponte,
« cent cinquante-cinq fois plus qu'au moment de
« sa naissance.

« Le nécrophore (*vespilio*) flaire de loin les corps
« morts des animaux, tels que les taupes, les gre-
« nouilles, etc., et les enterre afin d'y déposer ses
« œufs. Six de ces insectes viendront à bout d'en-
« terrer une taupe en moins de quatre heures.
« Les yeux des insectes sont de deux espèces.
« Les uns sont de grands hémisphères, la plupart
« composés de plusieurs milliers de facettes, quel-
« quefois d'une multitude de points coniques dont
« la surface intérieure est luisante et bigarrée.
« Les autres sont plus simples dans leur construc-
« tion, plus petits, et varient quant au nombre

« et à la position. Les yeux de ceux de la
« première classe paraissent destinés à voir de
« loin, tandis que les organes de la seconde ne
« doivent embrasser que les objets avoisinants.
« Il n'est donné qu'à peu d'insectes de mouvoir
« leurs yeux à volonté.

« Les antennes sont les organes du toucher; elles
« ont une immense importance pour les insectes,
« à cause de la dureté et de l'insensibilité de leur
« corps extérieur et de l'immobilité de leurs yeux.
« Toute la sensation chez ces animaux semble
« concentrée dans les antennes; elles suppléent
« pour eux à la lumière dont ils sont privés, car
« la plupart vivent dans les ténèbres.

« Les œufs de quelques insectes sont recouverts
« d'une espèce de vernis, qui les protége contre
« les accidents, et les garantit de l'action destruc-
« tive de la pluie et de l'humidité. »

Latreille remarque que la sagesse et la puissance
du Créateur se révèlent surtout dans la conformation de ces êtres presque imperceptibles, et qui
semblent se cacher à nos regards. Cet atome doué
de vie, et dont les divers organes, tout petits

qu'ils sont, ont chacun leur fonction particulière, excite plus son admiration que la structure et l'organisation des animaux les plus gigantesques.

ARTHUR.

Je n'aurais jamais cru que des insectes qui fixent à peine notre attention, et que nous écrasons sans pitié sous nos pieds, renfermassent en eux tant de merveilles.

LE PÈRE.

Nous sommes dans l'habitude de reléguer les insectes dans les derniers rangs de la création ; et cependant il y a un soin manifeste pour la conservation et le bien-être de ces créatures méprisées qui mérite tout notre intérêt. Il est vrai que la science de l'entomologie est encore enveloppée pour nous de beaucoup de mystères ; mais cette circonstance seule est de nature à piquer notre curiosité, et à stimuler nos recherches dans le vaste champ de l'observation. Quoi de plus merveilleux que l'instinct qui porte les insectes à déposer leurs œufs dans des endroits où ils seront à l'abri des vicissitudes des saisons et de mille accidents funestes ! Quelques-uns sont enfouis fort avant dans la terre sous le germe de la plante future, dont la tige sortant du sol porte avec elle ces œufs pour être vivifiés par les rayons du soleil. Dans l'état de chrysalide, qui est le tombeau où s'opère le changement final, nous voyons plus sensiblement les étonnantes métamorphoses qu'ils subissent ; mais que de secrets encore à découvrir dans l'économie de leurs mœurs et de leurs habitudes et dans les différentes phases de la vie d'un insecte !

Dans le calme d'une soirée d'été, l'air fourmille de ces petits êtres ; les feuilles, les tiges, l'écorce de l'arbre, chaque touffe de mousse, les fossés, les étangs, tout recèle des myriades de ces créatures, dont chacune remplit l'objet qui lui est assigné, par des moyens qui lui sont propres, sans qu'il y ait déviation ou substitution dans l'ordre établi par le Créateur. Quelques-unes paraissent uniquement occupées à choisir les positions les plus appropriées à leurs besoins, et à exercer mille ruses et stratagèmes pour assurer leur existence et celle de leurs petits, et font preuve d'un instinct que la science moderne a osé qualifier de raison. Chez d'autres, au contraire, nous n'apercevons aucun but d'action; ou si parfois quelque faible lueur nous donne un aperçu momentané des voies cachées de la nature, nous nous retrouvons ensuite plongés dans la même obscurité, et notre prétendue science est en défaut. Devant nous est un être merveilleusement organisé; nous l'avons vu lutter avec succès contre tous les dangers qui entouraient les premières périodes de son existence. Le travail préparatoire qui a précédé son développement parfait est terminé; radieux de beauté, il étend ses ailes au soleil, et prend son vol dans les airs. L'instant d'après il devient peut-être la proie de quelque oiseau errant; et son organisation si curieuse, son instinct, sa beauté, tout est compté pour rien, et la sagesse humaine et ses conjectures sont confondues. Nous sommes intimement convaincus que ces dispositions sont ordonnées dans un but utile et bon; mais notre ignorance est si grande quant aux causes secondaires qui régissent l'empire de la nature, que si nous essayons de pénétrer au delà, nous nous perdrons dans les mystères dont le divin architecte a entouré ses ouvrages.

RICHARD.

Les oiseaux, du moins quelques-uns, ne font-ils pas leur nourriture des insectes ?

LE PÈRE.

La race des chouettes, et surtout l'engoulevent, sont les grands destructeurs des phalènes du soir. Que de fois j'ai vu éparpillés dans les bois ces fragments de leurs banquets nocturnes, les restes de ces beaux insectes ! L'empereur des bois, la phalène vert-de-gris, et beaucoup d'autres espèces rares, qu'il nous faut souvent chercher avec patience durant plusieurs années, deviennent la proie de ces impitoyables oiseaux. La chauve-souris poursuit aussi avec grande avidité les insectes crépusculaires; et sa chasse doit être abondante, puisqu'elle n'a pour compétiteurs que le peu d'oiseaux qui cherchent leur proie pendant la nuit.

ARTHUR.

Parlez-nous, mon père, des jolis insectes que nous appelons demoiselles ou libellules.

LE PÈRE.

J'ai pris dans mon voisinage une magnifique libellule à quatre taches (*libellula quadrimaculata*); je note ce fait, parce que cette espèce est rare. C'est un superbe insecte; les deux raies foncées sur le bord supérieur de chaque aile, son corps effilé et couvert de duvet, le distinguent des autres de son genre. Rien n'égale la vivacité, la légèreté, la pétulance des libellules, vulgairement désignées sous le nom de demoiselles, et il est difficile de rencontrer des formes plus gracieuses. Les couleurs les plus riches ornent leurs vêtements. c'est le reflet de l'or, de l'azur, de toutes les nuances de l'iris; sur leur dos on voit gracieusement attachées quatre ailes légères, transparentes comme la gaze la plus fine. Tantôt elles s'élancent en avant avec impétuosité, tantôt elles reculent précipitamment, tantôt elles se perdent dans les nues ; et pourtant cet être gracieux se repaît de carnage, et poursuit avec l'acharnement et la précision du vautour les malheureux petits insectes qui bourdonnent autour de lui.

Nous voyons s'épanouir joyeusement aux rayons ardents du soleil de juillet et d'août l'élégant petit papillon bleu (*papilio argus*), connu et admiré de tous. Quelques lépidoptères, surtout le papillon blanc commun de nos jardins, sont très-belliqueux et ne souffrent pas de compétiteurs pour leur proie ; aussi les voyons-nous continuellement se disputer dans les airs, où ils deviennent victimes de quelque oiseau aux aguets ; mais aucun d'entre eux ne le cède à notre petit argus pour l'humeur guerrière et jalouse. Il ne permettra à aucun autre de son espèce de s'approcher impunément des fleurs sur lesquelles il se repose ; il osera même à l'occasion attaquer le grand amiral (*vanessa atalanta*), qu'il fera fuir. Il y a un autre petit papillon (*papilio phleas*), tout aussi beau que le premier et non moins audacieux, qui hante les mêmes fleurs et avec lequel il est perpétuellement en lutte. Ces petits animaux s'acharnent au combat jusqu'à ce que l'un des deux succombe, et le vainqueur retourne en triomphe à son calice de fleurs. Si l'ennemi revient, la bataille recommence; mais si un nuage vient obscurcir les rayons du soleil, ou qu'une brise refroidisse l'atmosphère, leur ardeur s'éteint et toute dispute finit. L'élégante parure de l'argus est souvent endommagée dans ces rencontres, et c'est pour cela que nous le trouvons si souvent traînant avec peine de jolies ailes bleues déchirées et décolorées.

RICHARD.

N'oublions pas l'oiseau-mouche.

LE PÈRE.

Le curieux et gracieux insecte l'oiseau-mouche (*sphinx stellatarum*) nous visite annuellement; on pourrait presque le regarder comme un lien entre les oiseaux et les insectes; ses écailles légères et aplaties ressemblent à des plumes. La vigilance timide et la vivacité de cette petite créature méritent notre attention; elle nous rappelle

dans ses allures son homonyme des tropiques,
cette *pensée ailée* comme on l'a nommée, quoique
la parure brune et obscure de la première ne
ressemble en rien aux brillantes nuances de l'oiseau en question. Notre petit sphinx se montre
ordinairement le matin et le soir plutôt que pendant la chaleur du jour, attiré probablement par
le parfum des fleurs qui s'exhale alors dans toute
son intensité. Il recherche surtout le jasmin, le
phlox, la merveille du Pérou, et autres fleurs tuber-
culeuses, au-dessus desquelles il plane et voltige
d'une manière élégante et rapide, plongeant de
temps à autre sa trompe longue et flexible dans
leurs calices, pour en extraire la liqueur sucrée.
Tantôt il entrera dans nos serres, et effleurant
rapidement et presque avec dédain les nombreuses
plantes exotiques, il s'arrêtera devant sa fleur de
prédilection, il en examinera rapidement chaque
tube, planant au-dessus de son disque, en bour-
donnant et agitant perpétuellement ses ailes, tandis que ses yeux vifs et perçants examinent tous
les alentours. Le moindre mouvement l'effraie; il
disparaît avec la rapidité d'une flèche, pour reve-

nir bientôt à son délicieux bouquet; il prend sa nourriture toujours sur le vol. Ces insectes, quoique timides et craintifs de leur nature, s'accoutument pourtant à la présence de ceux qui ne sont pas dans l'habitude de les molester. J'ai toujours respecté ceux qui viennent visiter mes parterres ; ils sont accoutumés à me voir inspecter de près leurs opérations, et j'ai pu fréquemment poser le doigt sur leurs ailes vibrantes au moment où ils enfonçaient leur trompe dans le calice d'un géranium. Ils se retiraient alors pour un instant, confus d'une telle familiarité ; mais ils revenaient finir leur repas sans se soucier de ces légers dérangements. J'ai vu cet insecte (et la même chose a lieu chez quelques autres) feindre la mort lorsqu'il appréhendait un danger imminent. Il tombait alors sur le dos, ne donnant aucun signe de vie, et au moment où on le déposait dans une boîte, il épiait l'occasion favorable et disparaissait comme une flèche.

La nombreuse famille des insectes, à peu d'exceptions près, se ressent beaucoup des vicissitudes des saisons. Il y a pourtant un papillon (*papi-*

lio janira) qui abonde toujours, même dans ces étés tristes et humides où l'on voit disparaître presque entièrement le papillon blanc si commun; on aperçoit alors le premier séchant ses ailes aux rayons du soleil, et voltigeant de fleur en fleur, seul convive, pour ainsi dire, des bouquets champêtres. Dans l'été aride de 1826, la profusion de ces insectes et celle de la cochenille (*septempunctata*) était remarquée par tout le monde.

La phalène jaune (*phalœna pronuba*) abonde partout. Elle se cache le jour dans l'herbe épaisse où la faux du moissonneur vient souvent l'inquiéter, et elle devient la proie d'un charmant petit oiseau, la bergeronnette jaune, qui suivra souvent sans crainte les pas du faucheur pour surprendre sa victime. Les efforts et les ruses du papillon pour s'échapper, et l'activité et la persévérance de l'oiseau pour le capturer, sont amusants à voir.

La petite vanesse, nommée *Robert-le-diable* (*phalœna gamma*), est un des insectes qui ne paraissent aucunement incommodés par les saisons pluvieuses, qui retardent l'apparition ou qui détruisent l'existence de tant d'autres papillons. On voit imprimé en or sur ses sombres ailes le *gamma* de l'alphabet grec, et il doit son nom à cette particularité. Comme Caïn, il porte dans ses courses vagabondes une marque indélébile qui le distingue des autres de sa race. Aussi ne leur ressemble-t-il aucunement par ses mœurs et ses habitudes ; car il cherche sa nourriture pendant le jour, et l'été on le voit voltigeant avec l'activité et le mouvement de l'oiseau-mouche (sphinx), et faisant vibrer ses ailes comme lui.

ARTHUR.

J'ai dans ma collection un magnifique papillon de nuit, que je crois être le sphinx tête-de-mort.

LE PÈRE.

La culture si répandue de la pomme de terre nous procure annuellement des spécimens de beaux papillons de nuit. Le sphinx tête-de-mort (*acherontia atropos*), dans ses divers états, court les plus grands dangers. Les larves ne peuvent manquer d'attirer l'attention par leur grosseur extraordinaire et leur forme bizarre. On voit sur leur corps une queue et des cornes. Cet animal était autrefois très-rare ; mais depuis l'introduction du tubercule en question, qui forme sa nourriture favorite, nous sommes à même de le rencontrer assez souvent dans de certains endroits.

La superstition a de tout temps puisé des pronostics alarmants et des indications funestes parmi le monde des insectes ; là où l'homme ne devrait voir que les manifestations de la sagesse et de la beauté du Créateur, il ne trouve, au contraire, que des sujets de cruauté puérile et de vaines terreurs. Dans la Pologne allemande, où ce papillon abonde, on l'appelle le spectre à tête de mort, et l'oiseau de mort vagabond. Les marques sur son dos représentent à ces fertiles imaginations la tête exacte d'un squelette, avec les os croisés en dessous. Son cri devient alors la voix de l'angoisse, le gémissement d'un enfant, l'annonce du malheur. C'est l'agent de l'esprit de ténèbres. Le lustre même de ses yeux est emprunté à la fournaise satanique. Il entre la nuit dans les appartements, éteint les lumières, et prédit la peste, la famine et la mort. Ces ignorants préjugés disparaissent successivement devant la marche progressive de la civilisation et de la science.

En Angleterre comme en Allemagne, le sphinx atropos fut d'abord observé sur le jasmin ; mais maintenant on le trouve exclusivement sur la pomme de terre. On a voulu reconnaître à cet insecte un cri aigu comme celui que fait la souris : mais aucun insecte que nous connaissions ne possède les organes propres à la voix. Ils émettent des sons par des moyens extérieurs. Ainsi la sauterelle et le grillon produisent leur chant si connu et si monotone par le frottement des cuisses contre leurs élytres durs et coriaces, et le bruit que fait notre sphinx tête-de-mort, qui ressemble à l'appel du râle de genêt, se fait par le frottement de sa mandibule ou de sa trompe contre le thorax, qui est comme la corne.

Dans nos promenades du soir, notre attention est souvent attirée par le bourdonnement sourd du grand géotrupe stercoraire (*scarabæus stercorarius*) qui vient se heurter contre nous dans son vol étourdi. On voit quelquefois ces insectes passer en troupes très-nombreuses ; ils sont alors attirés par l'odeur de quelque matière fétide. Aussi faut-il que les organes de perception soient chez eux d'une extrême susceptibilité ; car ils arrivent de grandes distances et de tous côtés, dirigés par des émanations lointaines qui nous semblent devoir être insaisissables pour eux, et par conséquent impuissantes à stimuler l'activité d'un insecte naturellement inerte. Mais c'est un des agents employés par la nature pour empêcher l'accumulation trop grande des matières décomposées, et ils ont pour fonction de balayer, pour ainsi dire, la face de la terre, et d'en faire disparaître les immondices qui la souillent, et qui répandent dans l'air des miasmes infects et délétères. Tantôt des légions de petits insectes stercoraires s'attacheront aux corps qui subissent la décomposition putride et en feront disparaître jusqu'aux derniers vestiges, tandis que d'autres, tels que les *nécrophores,* etc., enfouiront dans la terre, après des efforts inouïs, les cadavres des petits quadrupèdes dans lesquels ils doivent ensuite déposer leurs œufs, qui recevront par ce moyen leur plein développement.

Le géotrupe stercoraire nous fournit encore un exemple de la ruse à laquelle plusieurs insectes ont recours pour échapper aux dangers qui les menacent. Lorsqu'il poursuit son vol impétueux et bruyant, ou qu'il décrit paisiblement des cercles dans l'air, si quelque objet vient à le frapper ou qu'un obstacle quelconque arrête sa marche, il tombe immédiatement à terre, étendu sur le dos, ses pattes allongées et roides, et en apparence sans vie, au point de se laisser manier sans remuer. Lorsqu'il croit le péril passé, il reprend ses mouvements et son vol. S'il a recours à ce stratagème dans un but de conservation, ce moyen ne lui réussit pas toujours. La chouette et l'engoulevent le happent en volant ; mais les corbeaux, les pies et d'autres oiseaux n'hésitent point à le dépecer, lui et tous les autres scarabées qui emploient la même feinte, lorsqu'ils les trouvent dans cet état de mort apparente : aussi devons-nous en conclure que le motif de cette action nous est inconnu, tout en étant persuadés qu'elle répond parfaitement au but qu'elle doit atteindre.

ARTHUR.

Comment se fait-il que les insectes, qui passent une partie de leur vie dans la terre, soient si propres dans leur parure ?

LE PÈRE.

L'extrême propreté de cette classe d'insectes est une circonstance digne de nos remarques, surtout lorsque l'on considère que toute leur vie se passe à creuser dans la terre et à faire disparaître les immondices qui couvrent le sol ; mais tel est l'admirable poli de leur corselet et de l'enveloppe qui recouvre leurs membres, qu'aucune impureté ne s'attache à leur corps. Le *melvë* et quelques-uns des scarabées, lorsqu'ils sortent de leurs re-traites d'hiver, sont d'abord uniquement occupés à se défaire de tous les corps étrangers qui ont pu obscurcir leur luisante parure pendant leur long séjour sous terre. La propreté extérieure paraît être une loi de la nature, et se remarque dans tout le règne animal. Les poissons, par la nature de l'élément dans lequel ils vivent, ne contractent guère de souillure extérieure. Les oiseaux sont sans cesse occupés à arranger et à redresser leur plumage, et les reptiles, quoique le corps de plusieurs d'entre eux soit enduit d'une matière visqueuse et adhérente, savent également se débarrasser de toutes les impuretés du sol sur lequel ils rampent.

La fourrure des quadrupèdes qui sont en liberté est toujours propre, et si quelques oiseaux et parfois quelques quadrupèdes se roulent dans la poussière ou se couvrent de boue, c'est uniquement dans le but de se délivrer par ce moyen des insectes, et d'apaiser la démangeaison produite par leurs piqûres.

RICHARD.

Mon père, vous ne nous dites rien des fourmis.

LE PÈRE.

La fourmi mérite un des premiers rangs, pour l'intelligence, dans le monde des insectes. La grande fourmi noire (*formica fuliginosa*) se trouve dans tous nos bois; ses troupes nom-

breuses mettent en mouvement ces grands amas
de débris végétaux qu'elles augmentent tous
les jours avec une industrie et une persévérance infatigables, pour donner abri à leurs
œufs. Les faisans, les pies, le torcol et tous les
oiseaux qui recherchent pour nourriture les petites fourmis rouges, et qui dévastent leurs tertres
élevés avec tant de peine, ne paraissent pas pour-
suivre cette espèce. Ces animaux, si remarquables par leur instinct, voyagent toujours en
ligne directe, sans jamais en dévier, à moins que
leur marche ne soit entravée par quelque obstacle;
et elles repoussent avec menace les maladroits qui
embarrassent leur chemin.

Un de mes amis m'a cité un trait de leur caractère peu accommodant à cet égard, dont il a
été témoin. Deux troupes de ces insectes étaient
parties pour butiner de deux fourmilières différentes. Les deux corps se rencontrèrent en route,
et ni l'un ni l'autre ne voulut céder le passage :
une lutte violente s'ensuivit. Au bout de quelque
temps, les parties belligérantes, de guerre lasse,
suspendirent le combat, et chacune d'elles ren-

tra à sa fourmilière, emportant les morts et les blessés. Dans cette occasion, le *casus belli* avait pour seule cause l'obstination de ces insectes à ne pas se déranger de la ligne droite qu'ils adoptent invariablement.

La force musculaire de certains animaux, surtout parmi les insectes, a quelque chose de prodigieux, lorsqu'on la compare à la petitesse de leur corps. L'homme, par la puissance de sa raison, appelle à son aide la force mécanique, atteint son but au moyen d'agents étrangers. Les animaux n'ont, au contraire, que leurs propres ressources pour y arriver, c'est-à-dire leur force musculaire et leur adresse. Cette force chez les fourmis noires se montre surtout par la grosseur des matériaux qu'elles ramassent pour leurs monticules ; mais dans la petite fourmi rouge (*formica rubra*) elle est plus remarquable encore. J'ai vu une de ces petites créatures, dont trente-six ne pèsent qu'un grain, emporter comme proie une mouche noire qui, à elle seule, en pesait autant. La guêpe même, dont le poids est quarante fois le sien, sera entraînée par le labeur et la persévérance d'une seule fourmi. Un de mes laboureurs, en bêchant dans un champ, a déterré un nid de fourmis jaunes (*formica flava*). Elles étaient fort nombreuses, et retirées dans leurs habitations d'hiver. Ces habitations consistaient en de petits compartiments ou cellules qui se communiquaient par des corridors étroits. Dans plusieurs de ces cellules elles avaient déposé leurs larves, qu'elles entouraient et surveillaient sans les couver. Alarmées par nos rudes opérations, elles les emportèrent dans des salles plus éloignées. Quelques-unes de ces fourmilières contenaient un nombre considérable de petits cloportes qui vivaient en parfaite intelligence et familiarité avec les fourmis, et partageaient les mêmes cellules.

En plaçant une petite chenille auprès d'une fourmilière, un des insectes viendra immédiatement s'en emparer, et après avoir essayé inutilement de l'entraîner sous terre, il la quittera pour un instant, et ira tenir conseil avec un camarade. Tous deux reviendront à leur butin, et, par leurs efforts réunis, parviendront enfin à l'ensevelir. Tout le monde a dû remarquer que

deux fourmis, lorsqu'elles se rencontrent en chemin, s'arrêtent, se touchent les antennes, et paraissent se communiquer mutuellement leurs in-
tentions, probablement leurs futurs plans de campagne et leurs expéditions. Le docteur Franklin
leur reconnaît cet instinct, et cite à l'appui de son
opinion l'anecdote suivante.

Ayant remarqué que plusieurs fourmis s'é-
taient régalées d'un pot de mélasse qui se trouvait dans un placard, il les en chassa et s'imagina avoir mis en déroute la troupe entière.
Il suspendit le vase au plafond, par le moyen
d'une ficelle. Il en vit alors sortir une seule
fourmi qui, montant le long de la petite corde,
gagna la partie supérieure de l'appartement, et de
là redescendit pour aller à sa fourmilière. Environ
une demi-heure après, plusieurs autres de ces insectes sortirent, guidés, on ne saurait en douter,
par leur camarade, et traversèrent le plafond,
se dirigèrent, par le moyen de la ficelle, au pot
de mélasse, objet de leur convoitise.

Huber dit que la nature a accordé aux fourmis
un langage de communication par le contact de

leurs antennes, et qu'à l'aide de ces organes elles sont à même de s'assister mutuellement dans leurs travaux et dans leurs dangers, de découvrir leur route lorsqu'elles l'ont perdue, et de se faire comprendre l'une à l'autre tout ce qu'elles désirent.

Ce que je viens de dire par rapport à la faculté que possèdent les fourmis, de communiquer entre elles, de même que les abeilles et les insectes qui vivent en communauté, s'applique aussi aux guêpes. Si un de ces insectes a fait quelque heureuse découverte de miel ou d'autres mets à son goût, il retourne aussitôt au guêpier faire part de sa bonne fortune, et ramène avec lui au lieu du festin ses insatiables compagnons.

Les fourmis sont très-avides de substances sucrées : elles en font leur principale nourriture. Considérez avec moi une singulière manœuvre de quelques petites fourmis qui rôdent sur des branches de rosier. Elles semblent caresser de leurs antennes les pucerons qui s'y trouvent en grand nombre, et leur prodiguer les signes de la plus vive affection. C'est l'intérêt et la gourmandise qui les attirent ainsi à la suite des bandes de pucerons. Ceux-ci laissent épancher continuellement un liquide mielleux par deux tubes situés à l'extrémité de leur abdomen. Les fourmis sont là pour s'emparer de la liqueur précieuse à mesure qu'elle coule, et même elles flattent doucement les pucerons de leurs pattes et de leurs antennes pour les engager à laisser couler plus abondamment le délicieux nectar. Quand elles en sont rassasiées, elles courent à la fourmilière pour faire part aux autres de cette découverte : les fourmis ne sont point égoïstes, elles partagent leur bien avec celles qui manquent. En effet, observez ce qui se passe sous nos yeux. Une petite fourmi semble tomber aux pieds de celle qui revient de butiner, et lui demander une portion de ce nectar. Une gouttelette de la liqueur sucrée est suspendue à la trompe de la distributrice, et l'autre se met en devoir de la sucer. Elle a reçu sa pitance, elle s'éloigne maintenant alerte et joyeuse.

Ce qu'il y a de merveilleux dans le gouvernement de nos petits républicains, c'est l'amour ardent dont chacun se sent animé pour le bien de l'État : tous sont prêts au besoin à braver tous les périls , à sacrifier leur vie pour le salut commun. Voici un acte d'incomparable courage. Dans la dévastation d'une fourmilière , une grosse fourmi, presque coupée en deux , eut la force de redresser son corps mutilé , de saisir une nymphe égarée, de la reporter triomphalement au fond de sa demeure : elle mourut après , épuisée par cet incroyable effort de dévouement et de patriotisme.

Latreille , ayant coupé les antennes à une fourmi, observa une de ses compagnes qui s'empressait autour de la pauvre malade , et qui versait sur ses plaies une petite goutte de salive sucrée , comme un baume salutaire.

ARTHUR.

Comment appelle-t-on cet insecte qui est l'ennemi juré des fourmis ?

LE PÈRE.

Il s'appelle fourmi-lion (*formica leo*). Je vous

sais gré de l'avoir rappelé à mon souvenir ; car les ruses qu'il déploie pour saisir ses victimes sont trop curieuses pour ne pas vous en parler. Cet insecte est long d'environ un pouce, cendré, noirâtre, avec quelques taches roussàtres sur le corselet. Faites en sorte de vous en procurer un dans les bois dont le sol est sablonneux ; cherchez le long des fossés exposés au midi : vous remarquerez de petites cavités coniques d'un à trois pouces de diamètre, pratiquées dans le sable. C'est au fond de chacun de ces entonnoirs que réside la larve en question. Enfoncez lestement les doigts dans le sable, de manière à enlever le fond où se trouvera l'animal, et l'ayant déposé dans une boîte avec bonne provision de sable, placez-le sur votre fenêtre, dans une exposition semblable à celle de son ancienne patrie. Que le sable qui le recouvre ait au moins trois ou quatre pouces de profondeur ; puis observez ses allures. Pour donner à son entonnoir de justes proportions, il commencera à en tracer l'enceinte en faisant un fossé circulaire plus ou moins considérable, selon que l'animal voudra donner plus ou moins de diamètre à la base de son cône creux. Il continue à creuser et à déblayer sa fosse, en marchant à reculons ; et reportant brusquement en arrière sa tête large et aplatie, il jette au loin le sable dont elle était chargée. Quand il a décrit deux ou trois tours de spirale, il s'est formé au dedans de l'enceinte un cône à sommet dirigé vers le ciel. C'est toujours à la base de ce cône que l'insecte emprunte le sable qu'il rejette, et ce trou, étant agrandi de haut en bas, finira par vous offrir l'image d'un cône creux. Si vous voulez mettre sa patience à l'épreuve, jetez dans son trou quelques grains de gravier. D'abord l'animal lancera les moins volumineux hors de sa fosse par un coup de tête. Si la pierre est trop forte, vous le verrez sortir du sable à reculons ; et glissant son abdomen sous la masse incommode, il essaiera de la charger sur son dos ; puis montant, toujours à reculons, le long de la pente de sa fosse, et conservant son équilibre par la contraction des anneaux de son abdomen, il parviendra à jeter son fardeau par-dessus les bords de son entonnoir. Mais quelquefois la pierre lui échappe et roule au fond du précipice. Sans se décourager, il recommencera la même manœuvre six ou sept fois de suite. En désespoir de cause, il renoncera à son entreprise et changera de domicile.

Maintenant examinons le parti qu'il tire de ses constructions. Regardez au fond de l'entonnoir, vous verrez paraître les deux cornes de l'animal ; le corps de l'insecte est caché dans les parois de sa demeure. Une malheureuse fourmi arrive dans le voisinage de ce guet-apens : à peine avancée sur les bords de la fosse, le bord de celle-ci s'écroulera en partie sous son poids. Reconnaissant qu'elle est en péril, elle fera de vigoureux efforts pour gravir cette montagne escarpée et regagner la plaine ; mais le ravisseur, qui se tient au fond de son repaire, a été averti par l'éboulement des grains de sable qu'une proie était dans son voisinage. Alors avec sa tête, comme avec une pelle, il jette en l'air le sable qui la recouvre, et la malheureuse fourmi qui reçoit cette grêle subite est entraînée vers le bas, non cependant sans redoubler d'efforts pour regagner du terrain ; mais

les jets de sable se succèdent sans interruption ;
enfin la victime, étourdie, meurtrie et épuisée,
roule jusqu'au fond du précipice et tombe entre
les deux griffes meurtrières qui se referment sur
elle. Le *formica leo*, maître de sa proie, la tire
sur le sable et la suce à son aise ; la dévorer est
pour lui l'affaire de deux minutes. S'il a pris une
grosse mouche bleue, son repas dure deux ou
trois heures, et après, par un vigoureux coup
de tête, il lance au loin le cadavre inutile. Sa voracité n'épargne aucun insecte ; tout lui est bon :
d'abord les fourmis, mais aussi les chenilles, les
mouches, les cloportes, les araignées même, sont
pour lui un très-bon régal. Mais je me suis oublié,
mes enfants, avec mon fourmi-lion, et il nous
reste encore à nous entretenir de quelques insectes
aquatiques.

ARTHUR.

Que ces détails sont intéressants ! Certainement
je me procurerai dès demain, s'il est possible,
un de ces rusés insectes. Vous nous accompagne-
rez, n'est-ce pas, mon père ? et nous nous ar-

rêterons, chemin faisant, près de notre étang, puisque vous allez nous parler des insectes aquatiques.

LE PÈRE.

Les eaux stagnantes et couvertes de matières végétales en décomposition sont le repaire d'une multitude d'insectes qui y déposent leurs œufs, et qui n'ont pas à redouter que l'agitation de cet élément vienne compromettre leur développement. Les petits qui sont éclos dans ces eaux tranquilles, ainsi que plusieurs autres espèces ovipares, se trouvent assez à l'abri de tous les dangers accidentels ; mais il survient des causes naturelles qui changent ces asiles et ces retraites en un vaste champ de carnage et de mort. C'est le rendez-vous des insectes et des reptiles de proie ; car tout être créé obéit à la loi universelle et irrésistible, depuis l'atome presque invisible suspendu dans les eaux, jusqu'à l'homme qui commande à la terre et qui la revendique comme sa propriété. La salamandre aquatique (*lacertus aquaticus*) est le grand fléau des marais. C'est dans ces eaux bourbeuses et sombres que ce reptile cherche sa nourriture habituelle et toujours abondante, et il s'en gorgera au point d'en devenir gros et replet à l'excès. Il saisira même dans sa voracité le ver suspendu à l'hameçon du pêcheur; souvent je l'ai vu ainsi tiré de l'eau, et présentant une forme extraordinaire, ayant un petit mollusque à coquille (*tellina cornea*) accroché à l'une de ses pattes et quelquefois à toutes, sur lesquelles ces bivalves s'étaient refermés probablement lorsqu'il poursuivait sa proie dans la boue. L'eau tranquille est aussi la demeure d'un petit être très-amusant, le gyrin nageur (*gyrinus natator*). Dès le mois d'avril, si le temps est propice, nous le voyons gambadant sur la surface des mares et des étangs ombragés, et tous nos écoliers qui viennent pêcher des ablettes connaissent bien ce joyeux petit nageur dans sa veste noire et luisante.

RICHARD.

Oh ! oui, je connais bien le gyrin nageur.

LE PÈRE.

Ils se réunissent en petites troupes de dix à douze ; tantôt ils traceront des lignes circulaires sur la surface de l'eau, en la rasant si légèrement qu'on voit à peine les traces de leur passage : tantôt, à la moindre alarme, ils plongeront au fond pour revenir ensuite reprendre leurs ébats.

Une des créatures les plus voraces, et peut-être la plus féroce, qui infestent nos étangs, est le grand ditisque bordé (*ditiscus marginalis*). C'est le corsaire et le pirate des insectes aquatiques ; sa conformation est adaptée à la vie de rapine qu'il mène. Il a une grande force musculaire, le corselet épais et dur, les yeux grands pour embrasser tous les objets environnants. et ses mandibules puissantes saisissent sa proie et la broient à l'instant : c'est le Polyphème des eaux. Son corps, convexe en dessous. ressemble à la carène d'un vaisseau. et ses tarses aplatis font l'office de bonnes et solides rames ; aussi rien n'égale la vitesse avec laquelle il poursuit sa proie. Lorsqu'il a dépeuplé un endroit, il déploie ses ailes et s'en va butiner ailleurs. Il dévore les petites grenouilles, et il pince si durement la main même gantée qui veut le retenir, qu'on en éprouve une sensation très-douloureuse. Il est presque aussi redoutable à l'état de larve, car il nage admirablement : nous ne devons pas passer sous silence une particularité dans l'organisation de ce scarabée. Des multitudes d'insectes existent, pour un certain temps, dans l'eau, à l'état de larves ; et ayant subi leur métamorphose, ils déploient leurs ailes et prennent rang parmi les créatures aériennes. Leur retour à l'élément qui les a vus naître amènerait pour eux une mort certaine ; mais il n'en est pas ainsi de notre ditisque, qui reste encore un insecte aquatique après être sorti de l'état de larve et tout en ayant des ailes. Lorsque la fantaisie lui prend et qu'il est las de son humide séjour, ou qu'il est poursuivi par quelque ennemi plus robuste, il s'envole d'étang en étang, de lac en lac ; ou bien il se retire dans les herbes du rivage, et va se promener sur la terre ferme. Habitant du sol, de l'air et de l'eau, le ditisque est une créature privilégiée.

RICHARD.

Nous éprouvons toujours le plus grand plaisir, bon père, à vous entendre raconter l'histoire et les habitudes de quelque insecte. Vous nous apprenez des traits si singuliers, des mœurs si extraordinaires, des coutumes quelquefois si surprenantes et si bizarres, qu'on ne saurait se lasser de vous entendre parler sur ce sujet.

LE PÈRE.

Nous pouvons comparer l'entomologiste à un voyageur. Dans une région favorisée par un ciel pur et serein, le voyageur est frappé de la beauté des sites, de la fertilité du sol, de l'aisance des habitants ; il aime à étudier la religion, les mœurs, le génie, la civilisation, les arts, l'industrie, fécondés par la bienfaisante influence d'un climat heureux et de doctrines régénératrices. Dans d'autres contrées il recueille soigneusement les précieux restes et jusqu'aux vestiges à moitié disparus de l'antiquité. Il interroge les pierres

des monuments, muettes pour tant d'hommes,
éloquentes au contraire pour qui sait les comprendre. Il recueille la poussière des siècles pas-
sés, afin de lui demander des leçons pour l'avenir.
Dans d'autres pays, il recherche les productions
naturelles, soit dans le règne végétal, soit dans
le règne animal. Au flanc des montagnes les plus
escarpées, au milieu des rochers épars, il cherche à recueillir des substances précieuses, et,
préoccupé des problèmes de la géologie, il tâche
de discerner l'ordre dans le désordre, et d'expliquer par des causes probables les bouleverse-
ments dont la preuve est sous ses yeux.

L'entomologie est un petit univers ; chacun
peut y entreprendre un voyage intéressant, en
ne consultant que son plaisir et ses goûts
particuliers. L'un voudra connaître les lois politiques qui régissent certaines républiques et
certaines peuplades nomades ; il ira examiner
les abeilles, les fourmis, et surtout les curieux
termites, qui nous offrent le modèle d'un petit
État dont les formes politiques seraient parfaites.
Les citoyens sont partagés en trois castes ou

tribus : les *ouvriers*, les *soldats* et les *chefs*. Les premiers sont les plus petits, les plus faibles et les plus nombreux ; leurs mandibules peu développées, leurs tarses munis de minces crochets leur donnent le sentiment de leur faiblesse, et les font rester à l'abri des remparts, occupés à réparer ou à agrandir l'enceinte de la ville. Bientôt les ouvriers subissent une première transformation, leurs mandibules deviennent arquées et puissantes, ils sont métamorphosés en *soldats*. Ce sont eux qui doivent veiller au salut commun, qui doivent repousser courageusement les attaques des ennemis, et qui prennent au besoin le rôle d'agresseurs. Tous les guerriers qui ont pu échapper aux hasards de leur périlleux état subissent à leur tour une nouvelle métamorphose ; ils acquièrent des ailes et passent au rang suprême. Ne voyons-nous pas dans cette petite nation la réalisation des rêves de beaucoup d'êtres humains ? Égalité parfaite, puisque tous deviendront chefs à leur tour, après avoir travaillé à construire ou à défendre l'enceinte commune ; absence d'ambition, de troubles politiques, puisque tous sont certains de parvenir aux honneurs suprêmes. Quelle société exemplaire! quelles coutumes dignes d'envie!

Les esprits qui ne sont touchés que des procédés de l'industrie et des arts iront visiter d'abord les petites républiques que nous venons de citer: puis ils se dirigeront vers les chenilles fileuses, vers les larves aquatiques des *phryganes,* vers les *tinéites,* vers les *fourmis-lions myrmeleon formicarium*). Ils leur demanderont les secrets de leur merveilleuse habileté à filer la soie, à se fabriquer des habits, à se bâtir des habitations régulières et commodes. Nous leur prédirons que les fatigues du voyage seront largement récompensées par l'intérêt et l'importance de leurs observations. Qu'ils ne dédaignent point sur les bords de l'eau de donner un coup d'œil à la coque soyeuse que sait habilement tisser *l'hydrophile;* ils seront témoins de l'habileté de ce singulier coléoptère, le seul qui jouisse de cet important privilége (1).

---

(1) Ce fait observé, pour la première fois par le célèbre Lyonnet, a été depuis vérifié par Dégéer et beaucoup d'autres entomologistes.

La plupart des hommes remarquent plus volontiers tout ce qui a rapport aux mœurs, aux habitudes, au génie propre. En parcourant les nombreuses tribus des insectes, ceux-là remarqueront leurs différentes façons de vivre, comment ils se procurent les aliments convenables, les ruses que plusieurs emploient pour s'emparer de leurs victimes, les précautions que d'autres prennent pour se mettre en sûreté, leur prévoyance pour se défendre contre les injures de l'air, leurs soins pour se perpétuer, le choix des lieux où ils déposent leurs œufs pour les mettre à l'abri des dangers et procurer la nourriture convenable à la petite larve qui doit en sortir.

ARTHUR.

Voulez-vous, mon père, que chacune de nos promenades devienne un des voyages intéressants dont vous nous parlez? Qu'on doit éprouver de plaisir à observer de ses propres yeux toutes les particularités qui rendent l'entomologie si attrayante!

LE PÈRE.

Je me rends volontiers à votre désir. Chaque soir nous ferons une excursion dans *le petit monde des insectes*. Les promenades que nous ne considérions que comme un délassement en seront plus amusantes et plus agréables. Vos yeux, devenus curieux et attentifs à observer, découvriront ce qui échappe aux regards distraits des autres hommes. Tout va s'animer pour vous : les arbres, les plantes, les feuilles, les fleurs, ne seront plus simplement pour vous des arbres, des plantes, des feuilles et des fleurs ; ce seront autant de pays habités qui s'offriront à votre étude.

Comme la nature change d'aspect pour les yeux clairvoyants du naturaliste ! La création semble immense ainsi que son auteur, quand on pense que le chêne, par exemple, porte plusieurs centaines d'espèces d'insectes, et qu'il n'est peut-être pas de plante qui n'en nourrisse quelques-unes ; que le sein des eaux en renferme des milliers, et que les substances animales ou végétales qui subissent la décomposition putride, en contiennent aussi des légions, qui ont reçu pour emploi de purger la face de la terre des immondices qui la souillent, et de rendre plus promptement à la masse générale des éléments primitifs les matériaux qui leur appartiennent.

Si nous pouvions soulever le voile épais qui dérobe à nos yeux les merveilles de l'organisation et les phénomènes variés qui en résultent, quel surprenant spectacle nous serait réservé! Je n'essaierai pas aujourd'hui de vous faire connaître une foule de particularités que nous possédons sur ce sujet si digne d'intérêt; je me réserve de vous en parler plus longuement dans une de nos prochaines promenades. Je ne vous raconterai point non plus cette fois les prodiges des transformations des insectes : c'est bien certainement un des faits les plus frappants de l'histoire naturelle des animaux; aussi j'y reviendrai dans une de nos futures excursions entomologiques.

Nous terminerons notre promenade et notre entretien de ce soir par quelques réflexions sur les prétendues découvertes des anciens observateurs, et sur le soin et l'attention qu'il faut toujours employer quand on veut étudier la nature et expliquer quelques-uns de ses actes environnés souvent de l'ombre du mystère. Quelques esprits trop passionnés, quelques imaginations trop vives n'ont pu se garder du merveilleux et des contes populaires, et ont substitué les rêves et les vaines fictions de leur crédulité aux faits avérés et incontestables. Je me bornerai à vous citer quelques exemples.

La mante (*mantis religiosa*) est un insecte orthoptère auquel des gestes singuliers ont fait donner les noms bizarres de *sorcière*, de *devin*, de *prie-dieu*. Son corps est recouvert de larges ailes traversées par des nervures nombreuses qui leur donnent presque l'apparence d'une feuille ; son corselet est long et effilé, et ses pattes antérieures ont une conformation toute particulière qui leur a valu la dénomination de *pattes ravisseuses*. On a vanté surtout l'extrême charité de cet insecte ; on a dit que quand un enfant égaré lui demandait son chemin, il s'empressait de le lui indiquer avec une de ses pattes, et on ajoutait que rarement il avait induit en erreur. Un autre insecte de la même famille, la phyllie (*feuille*), a donné lieu aux contes les plus absurdes. Cet insecte se trouve dans l'Inde, et tout son corps est protégé par de larges élytres verts qui ressemblent parfaitement à des feuilles. Des voyageurs, amis des fables, ont débité qu'ils avaient vu dans l'Inde des feuilles prendre la fuite quand on voulait les saisir. On a encore attribué aux fourmis un grand respect pour les morts, on a loué les soins avec lesquels elles leur rendent les devoirs funèbres, et ces récits étaient fondés sur ce qu'elles transportent hors de la fourmilière leurs compagnes mortes. Goedaër, plus célèbre comme peintre d'histoire naturelle que comme observateur, nous dit que les fourmis ont beaucoup d'attachement pour les pucerons (*aphis*), qui sucent la séve d'un grand nombre de végétaux. Il ajoute qu'il en a vu des témoignages non équivoques dans les caresses qu'ils leur prodiguent. Ignorait-il donc que les fourmis, comme nous l'avons dit plus haut, sont très-friandes d'une liqueur miellée que les pucerons laissent

suinter par deux petits tubes situés à la partie
postérieure de leur corps ? Il se laisse aller même
jusqu'à vouloir traduire les discours qu'elles
leur tiennent et les conversations qui s'engagent
de part et d'autre. Goedaër n'entendait sûrement
pas beaucoup leur langue, et on a peine à comprendre comment un auteur grave a pu imaginer
de pareilles puérilités.

ARTHUR.

Mon père, avant de terminer notre intéressant
entretien, veuillez nous dire s'il est vrai que
quelques plantes aient la faculté de donner la
mort aux insectes qui viennent se poser avec confiance sur les bords de leurs pétales épanouis.

LE PÈRE.

Je voulais en effet vous dire quelques mots sur
un fait bien reconnu par les naturalistes, dont
les causes ne paraissent pas encore suffisamment
démontrées à notre faible raison, et que nous
avons peine à concilier avec nos sentiments :
c'est que quelques plantes sont destinées à être
des instruments de destruction pour le monde des

insectes. Parmi nos plantes indigènes, il en est qui présentent cette organisation meurtrière, et dont les calices et les pétales, enduits d'une matière visqueuse et gluante, retiennent pour toujours captif le malheureux insecte, attiré par leurs dehors trompeurs. L'appareil destructeur de l'attrape-mouche (*droseræ*) diffère de ceux-ci, et donne à ses victimes une mort moins lente. Mais il existe dans nos jardins une plante (*apocynum androsæmifolium*) qui est indigène de l'Amérique septentrionale, et qui pour les pauvres insectes est un véritable guet-apens ; la mouche la plus agile ne saurait échapper à la fin cruelle qui l'attend au fond de son calice perfide. Attiré par la liqueur miellée que recèle le nectaire de ses boutons épanouis, l'insecte y plonge sa trompe ; aussitôt les filaments se rapprochent et le saisissent, et le malheureux captif, après une longue et douloureuse lutte, finit par mourir d'épuisement ; les filaments alors se relâchent, et le corps tombe à terre. Le disque de la plante sera quelquefois noirci par le nombre de victimes qui ont trouvé la mort dans son sein.

Il est possible que l'action et l'élasticité des filaments contribuent à la fécondation de la semence en dispersant le pollen sur les anthères ; mais nous ne pouvons pas nous expliquer comment la destruction de ces créatures vivantes devient nécessaire aux besoins de la plante ou profitable à sa perfection. Notre ignorance sur ce point se borne à voir dans cette disposition l'exercice d'une cruauté inutile. Téméraires que nous sommes ! comme si les causes et les motifs d'action dans les êtres créés nous étaient connus, et comme si nous avions le droit de révoquer en doute la sagesse du grand maître de l'univers. Notre prétendue science est confondue et humiliée devant le mécanisme d'une simple plante. C'est ainsi qu'autrefois les caractères mystérieux inscrits sur la muraille, quoique vus de plusieurs, n'ont pu être lus que par un seul.

Vous le voyez, mes petits amis, l'étude de l'entomologie est loin d'être une lecture purement frivole et un amusement complétement inutile.

Beaucoup d'occupations humaines qui prétendent se glorifier du titre de *raisonnables* et d'éminemment *avantageuses* pourraient bien éprouver quelques difficultés à faire leurs preuves, et, après mûr examen, se trouver plus stériles que l'amusante étude des insectes. Nous convenons sans la moindre hésitation que le nombre des observations essentiellement utiles que nous fournit l'histoire naturelle des insectes, est petit en comparaison du nombre de celles qu'on peut appeler purement *curieuses* ; mais c'est précisément là un des charmes de l'histoire naturelle en général, et de celle des insectes en particulier.

Pour nous, mes chers enfants, tâchons d'étudier scrupuleusement la nature et ses œuvres ; soyons bien persuadés que nous chercherions en vain à les embellir. Que nos études entomologiques ne se bornent pas à de sèches nomenclatures de genres et d'espèces ; ne nous lassons pas d'étudier les habitudes, les mœurs, les instincts de ces curieux petits animaux. Que ces études ne soient point stériles pour notre cœur ;

rien ne saurait nous porter plus vivement à Dieu que l'étude de ses œuvres. S'il a daigné donner une petite portion de vie à ces frêles créatures, s'il leur a prodigué des trésors qu'il a refusés souvent à des êtres supérieurs, pourquoi négligerions-nous de lui en rapporter toute la gloire ?

FIN.

TABLE.

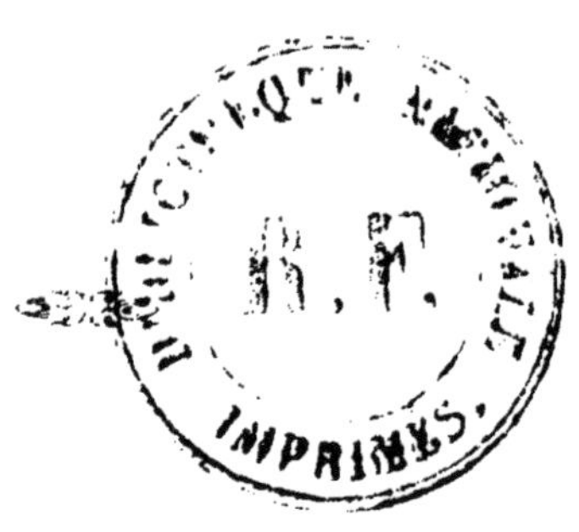

www.ingramcontent.com/pod-product-compliance
Ingram Content Group UK Ltd.
Pitfield, Milton Keynes, MK11 3LW, UK
UKHW022010170726
13837UKWH00001B/104